Charlie Koechlin

Nanotechnologies pour la détection infrarouge non refroidie

Impressum / Mentions légales

Bibliografische Information der Deutschen Nationalbibliothek: Die Deutsche Nationalbibliothek verzeichnet diese Publikation in der Deutschen Nationalbibliografie; detaillierte bibliografische Daten sind im Internet über http://dnb.d-nb.de abrufbar.

Alle in diesem Buch genannten Marken und Produktnamen unterliegen warenzeichen-, marken- oder patentrechtlichem Schutz bzw. sind Warenzeichen oder eingetragene Warenzeichen der jeweiligen Inhaber. Die Wiedergabe von Marken, Produktnamen, Gebrauchsnamen, Handelsnamen, Warenbezeichnungen u.s.w. in diesem Werk berechtigt auch ohne besondere Kennzeichnung nicht zu der Annahme, dass solche Namen im Sinne der Warenzeichen- und Markenschutzgesetzgebung als frei zu betrachten wären und daher von jedermann benutzt werden dürften.

Information bibliographique publiée par la Deutsche Nationalbibliothek: La Deutsche Nationalbibliothek inscrit cette publication à la Deutsche Nationalbibliografie; des données bibliographiques détaillées sont disponibles sur internet à l'adresse http://dnb.d-nb.de.

Toutes marques et noms de produits mentionnés dans ce livre demeurent sous la protection des marques, des marques déposées et des brevets, et sont des marques ou des marques déposées de leurs détenteurs respectifs. L'utilisation des marques, noms de produits, noms communs, noms commerciaux, descriptions de produits, etc, même sans qu'ils soient mentionnés de façon particulière dans ce livre ne signifie en aucune façon que ces noms peuvent être utilisés sans restriction à l'égard de la législation pour la protection des marques et des marques déposées et pourraient donc être utilisés par quiconque.

Coverbild / Photo de couverture: www.ingimage.com

Verlag / Editeur:
Presses Académiques Francophones
ist ein Imprint der / est une marque déposée de
AV Akademikerverlag GmbH & Co. KG
Heinrich-Böcking-Str. 6-8, 66121 Saarbrücken, Deutschland / Allemagne
Email: info@presses-academiques.com

Herstellung: siehe letzte Seite /
Impression: voir la dernière page
ISBN: 978-3-8381-7664-2

Quis fuit, horrendos primus qui protulit enses ?
Quam ferus et vere ferreus ille fuit !
Tum caedes hominum generi, tum proelia nata,
Tum brevior dirae mortis aperta via est.

Albius TIBULLUS, Elégie I, 10.

Remerciements

Mes premiers remerciements iront aux deux stagiaires de M2 que j'ai eu la chance d'encadrer : Stéphanie Rennesson et Florian Andrianiazy. J'ai beaucoup apprécié de travailler à leurs côtés. J'espère ne pas les avoir dégoûtés de la recherche, en tout cas pas suffisamment pour les empêcher de continuer en thèse (respectivement au CREA à Nice et à Thalès R&T à Palaiseau). Bonne chance à tous les deux !

Je continue par ceux avec qui j'ai travaillé le plus étroitement. En premier lieu, Sylvain Maine qui m'a accueilli au labo. Je garde a posteriori un bon souvenir de notre escapade à la station service de Marcoussis. Je n'oublierai pas non plus ces longues heures à regarder goutter nos filtrations en salle blanche avant de massacrer nos films au report, ou la découverte de la mise en orbite du cryostat. Je veux également remercier Fabrice Pardo, la mine à idées du consortium ONERA-LPN. Il suffit dans son sillage de se contenter de faire le tri. Je garderai de très bons souvenirs de nos conversations scientifiques ou pseudo scientifiques sur ton moteur hybride, les os de chien, la permittivité de l'or, le café, ou tout autre sujet abracadabrantesque. Comment écrire ces pages sans remercier Patrick Bouchon. Ce fut un réel plaisir de travailler avec toi et de s'épauler mutuellement. Même si mes nanotubes de carbone et tes nano-fentes plasmoniques n'ont jamais mené très loin, on a quand même trouvé le moyen de s'amuser. Avec qui refaire le monde à présent ?

Côté ONERA, je ne peux pas ne pas remercier les deux piliers du DOTA : Joël et Jérôme. Que serait une réunion Graal ou une expertise du vendredi soir sans vous ? Encore merci pour tous vos conseils et coups de pouce ! Je tiens également à remercier les membres du labo détecteur, notamment Sophie, Marc, Sylvain et Michel qui m'ont appris tout ce que je sais en mesure de bruit et en cryogénie. Je voudrai également exprimer ma gratitude envers Julien Jaeck, l'expérimentateur de l'équipe nano pour ses coups de main en Python, LaTeX et sur le FTIR. Me pardonneras tu un jour le phagocytage de ton directeur de thèse pendant ta rédaction ? Je voudrai également remercier l'ensemble de l'équipe CIO, ainsi que ma hiérarchie, Patricia Cymbalista, Franck Lefèvre, Pierre Touboul et Emmanuel Rosencher pour l'intérêt qu'ils ont porté à mes travaux et pour avoir été à mon écoute.

Côté LPN, je souhaite exprimer ma reconnaissance à l'ensemble des techniciens et ingénieurs technologues de la salle blanche avec qui j'ai travaillé et auprès de qui j'ai beaucoup appris : Nathalie Bardou, Laurent Couraud, David Chouteau, Xavier Lafosse, Laurence Ferlazzo, Stéphane Guillet, et Christophe Roblin. Vous m'avez tous été d'une grande aide dans cet univers hostile, où coupé du monde, nous évoluions déguisés en martiens en regardant de drôle de machines massacrer ou pas nos échantillons. J'adresse une pensée particulière à Christophe Dupuis, qui outre quelques trucs et astuces de vieux technologue faisant partie des meubles, a enrichi ma culture footballistique et Rock&Roll lors de nos longues séances de Magellan. Je souhaite aussi avoir une pensée pour Nicolas Péré-Laperne, pour tous ses conseils et les bons moments passés sur la Côte Ouest et à Grenoble. Tu m'as bien manqué lors de cette dernière année !

Comment partir sans remercier toutes les petites mains de la recherche, intérimaires au service de la science (par ordre d'apparition) : Emmanuel, Thibault, Fred, Florence, Martin, Ha, Myriam, Petru, Emilie (merci à toi et à Lucas pour mon pot, ton disque dur est dans ton sac à main), Benjamin, Thomas, Clément, Ines, Njoc, Hermance, Christelle, Quentin, Ben J, Erwan, Paul. Bonne chance à ceux qui commencent, bon courage à ceux qui finissent bientôt. Rassurez vous le plus dur reste à faire ! Vous êtes tous les bienvenus chez moi pour une partie de Citatatez en se remémorant les séances de réunion du lundi matin improvisée, les Graals les plus fameux et les pauses café avec jeux des 1000 euros et/ou messages à caractère informatif.

Je souhaite remercier les membres académiques de mon jury, Paolo Bondavalli (Responsable de l'activité Nano-matériaux à Thalès R&T), Stefan Enoch (Directeur de l'institut Fresnel), Jean-Jacques Greffet (Directeur de recherche à l'institut d'optique), et Laurent Vivien (Chargé de recherche à l'institut d'électronique fondamental), pour leurs lectures attentives de mon manuscrit et les deux heures de questions qu'ils m'ont fait subir ! Mes remerciements vont également à Jean-Luc Tissot (Directeur technique et marketing d'Ulis) et à Rose-Marie Sauvage (Responsable du pôle nano-technologie à la DGA/MRIS) pour l'intérêt qu'ils ont porté à mes travaux, et pour avoir accepté de faire partie de mon jury.

Je veux ensuite exprimer toute ma gratitude à mes directeurs de thèse, Riad Haïdar et Jean-Luc Pelouard pour cette "aventure humaine". J'ai bénéficié grâce à vous d'un environnement privilégié pour effectuer mes recherches.

Je souhaite également adresser une pensée à tous mes camarades de PhD Talent en particulier à Robert et à Louis. J'espère que Florian et Quentin prendront beaucoup de plaisir à continuer l'aventure.

Je remercie enfin ma famille (notamment ma mère pour sa relecture de ce manuscrit) et

Mathilde.

Table des matières

II Propriétés Opto-Electroniques des films de nanotubes de Carbone : Application aux bolomètres IR

Introduction

Contexte

Mes travaux de thèse se sont effectués entre le Département d'Optique Théorique et Appliquée (DOTA) de l'ONERA et le Laboratoire de Photonique et de Nanostructures (LPN) du CNRS sous les directions respectives de Riad Haïdar et Jean-Luc Pelouard et avec un financement de la DGA. Ces deux laboratoires mettent en commun leurs compétences pour développer de nouveaux concepts de composants optiques et de détecteurs infrarouge grâce aux nanotechnologies. Pour ce faire nous développons aussi bien des moyens de simulation que des procédés technologiques en salle blanche, ou des moyens de caractérisation innovants.

Objectifs et enjeux de mon travail de thèse

L'amélioration des imageurs infrarouge non refroidis notamment bolométriques est le fil d'Ariane de ma thèse. Ces détecteurs fonctionnent selon le principe suivant : le flux infrarouge incident est d'abord absorbé pour induire un échauffement qui est détecté grâce à un matériau dont les propriétés électriques dépendent de la température. L'avantage de ces détecteurs IR est leur coût, leur fonctionnement à température ambiante et la possibilité de les réaliser en technologie silicium. Leurs performances restent néanmoins en deçà de celles des autres filières IR. J'ai exploré, au cours de cette thèse, deux voies pour les améliorer grâce à l'apport des nanotechnologies que ce soit en terme de nouveaux matériaux ou de nouvelles structures :

- La première voie se propose de remplacer le matériau actuellement utilisé pour traduire l'échauffement en signal électrique, par des films de nanotubes de carbone. Mes travaux ont donc porté sur l'étude, la caractérisation et la compréhension des propriétés opto-électroniques de ce nouveau matériau. Une comparaison objective en terme de figures de mérite avec les matériaux utilisés actuellement est alors possible pour déterminer le potentiel des films de nanotubes de carbone pour la bolométrie infrarouge.

- La deuxième piste explorée est l'utilisation de résonateurs sub-longueur d'onde permettant d'obtenir des absorptions quasi-totales signées spectralement dans de très petits volumes. Mes travaux ont porté sur la compréhension des mécanismes d'absorption de telles structures. En effet, les conditions permettant d'obtenir des absorptions totales n'avaient pas encore été établies. J'ai aussi mis en évidence théoriquement et expérimentalement la possibilité de combiner ces résonateurs à l'échelle sub-longueur d'onde. Enfin j'ai cherché à exploiter leurs propriétés pour proposer de nouveaux concepts de bolomètres.

Organisation du mémoire

Mon mémoire se partage en trois parties. La première est consacrée à la présentation de la détection infrarouge et des bolomètres. Dans la deuxième, je présente mes caractérisations des propriétés opto-électroniques de films de nanotubes de carbone, ce qui me permet de les comparer en terme de figures de mérite aux matériaux thermistor actuellement utilisés en bolométrie. Enfin dans ma troisième partie, je m'intéresse aux propriétés optiques d'absorbants sub-longueur d'onde, et présente leurs utilisations dans de nouveaux concepts de bolomètres.

Première partie

Je commence dans le premier chapitre de ce manuscrit par introduire le domaine de la détection infrarouge et ses applications. Les détecteurs infrarouge existants sont présentés et je m'attarde à montrer comment les nanotechnologies ont depuis longtemps contribué à l'émergence de nouvelles filières et concepts de détecteurs IR. Le chapitre 2 est consacré à la description détaillée du fonctionnement des détecteurs bolométriques, à leur histoire, et à leurs évolutions. Cela me permet de dégager des perspectives d'amélioration, aussi bien en termes de performances, (en proposant de nouveaux matériaux thermistor ou de nouvelles architectures), qu'en termes de fonctionnalités (en colorisant les détecteurs). Les deux parties suivantes présentent donc l'étude de solutions basées sur les nanotechnologies permettant de mettre en œuvre ces pistes d'amélioration.

Deuxième partie

La deuxième partie intitulée "Propriétés Opto-Electroniques des Films de Nanotubes de Carbone : Application aux bolomètres IR" commence dans le chapitre 3 par présenter ce nouveau matériau, et pourquoi nous nous sommes lancés dans l'étude de son potentiel comme thermistor dans les bolomètres. Nous mettrons en évidence l'importance de caractériser ses propriétés optiques, de transport et de bruit, ainsi que de développer des technologies permettant de produire des matrices de dispositifs. Le chapitre 4 s'attache à la caractérisation des propriétés optiques, infrarouge et térahertz, des films de nanotubes de carbone. Cela a ainsi permis la détermination de l'indice optique complexe du matériau qui est nécessaire à la conception et à l'optimisation de dispositifs opto-électroniques avancés. Afin d'effectuer des caractérisations fiables et poussées des propriétés de transport des films de nanotubes de carbone, il faut d'abord se doter de briques technologiques permettant de fabriquer des dispositifs. C'est l'objet du chapitre 5 qui présente les développements technologiques effectués en salle blanche et la caractérisation des matrices de dispositifs obtenues. Les chapitres 6 et 7 sont quant à eux consacrés aux propriétés de transport et de bruit dans les films de nanotubes de carbone. Grâce aux caractérisations effectuées, nous nous attacherons à comprendre les mécanismes physiques en jeu et les paramètres qui les influencent. Cette étude fondamentale permet d'obtenir une évaluation quantitative des propriétés servant de figures de mérite pour comparer des matériaux pour une application en tant que thermistor en bolométrie. Le chapitre 8 statue enfin sur le potentiel des films de nanotubes pour la bolométrie.

Troisième partie

Le titre de la troisième partie est "Absorbants sub-longueur d'onde : Application aux bolomètres IR". Elle est consacrée à l'étude expérimentale et théorique de résonateurs sub-longueur d'onde basés sur des cavités Métal-Isolant-Métal. Ces résonateurs permettent d'obtenir des absorptions quasi-totales omnidirectionnelles et accordables dans de très faibles volumes. Le chapitre 9 s'attachera à présenter leur structure et leurs propriétés. Un modèle analytique permettant de décrire leur comportement et de les optimiser sera introduit. Les conditions pour obtenir des absorptions quasi-totales ont ainsi pu être établies. Le chapitre 10 traite de la combinaison de ces résonateurs au sein d'une même période sub-longueur d'onde. Nous verrons qu'ils peuvent rester découplés, et continuer chacun à absorber quasi-totalement la lumière à sa propre longueur d'onde de résonance, menant ainsi à un phénomène de tri de photons. Enfin dans le dernier chapitre de ce manuscrit (Chapitre 11) nous utiliserons les propriétés de ces absorbants pour concevoir des plans focaux infrarouge non-refroidis hyperspectraux à hautes performances.

Première partie

Détection Infrarouge et Nanotechnologies

Chapitre

1

Détection infrarouge

Sommaire

C e chapitre est consacré à la présentation de la détection infrarouge et vise à mettre en évidence que les nanotechnologies ont et peuvent continuer à apporter beaucoup d'innovations dans ce domaine. Nous commencerons par présenter l'origine du rayonnement infrarouge thermique et ses utilisations, puis les détecteurs qui permettent de le détecter. Enfin nous introduirons, quelques concepts de détecteurs et de systèmes permis par l'utilisation des nanotechnologies.

1.1 L'infrarouge

1.1.1 Définition

L'infrarouge est la partie du spectre de la lumière qui se trouve entre le visible et le THz, entre 800 nm et 100 μm (Cf. Fig. 1.1). Au delà de cette définition quantitative, l'optique infrarouge correspond à un champ applicatif, à une physique et à des technologies différents de celles des autres parties du spectre, ce qui en fait un domaine de l'optique à part entière.

Nous allons nous limiter à la description de la détection infrarouge thermique dont les bolomètres sont un des outils. Dans ce domaine, on détecte, voire on image, directement l'émission thermique des objets, sans qu'il y ait la nécessité d'une source d'éclairage externe.

L'émission thermique est décrite par la loi de Planck : un corps idéal (appelé corps

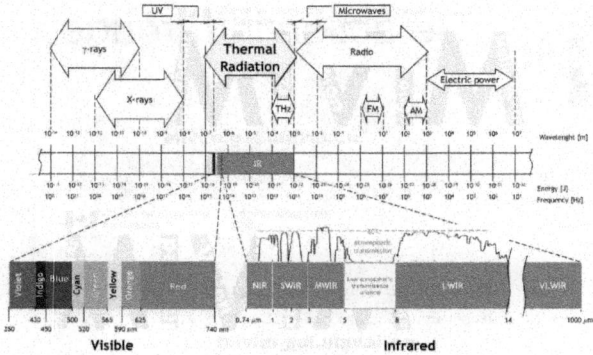

FIGURE 1.1 – Spectre électromagnétique et transmission de l'atmosphère

noir) absorbant toutes les radiations électromagnétiques incidentes quelles que soient leurs longueurs d'onde et porté à la température T, émet une densité spectrale de puissance :

$$\frac{\mathrm{d}P}{\mathrm{d}\lambda} = L°(\lambda, T) \ dA \ d^2\Omega \tag{1.1}$$

par une surface élémentaire dA, et sur une unité d'angle solide $d^2\Omega$. $L°(\lambda, T)$ est appelée la luminance énergétique monochromatique exprimée en $[W.m^{-2}.sr^{-1}.m^{-1}]$ et s'écrit :

$$L°(\lambda, T) = \frac{2hc^2}{\lambda^5} \frac{1}{\exp(\frac{hc}{\lambda kT}) - 1} \tag{1.2}$$

L'émission totale de cette surface dA à la longueur d'onde λ est obtenue en intégrant $L°(\lambda, T)$ sur un demi espace. On parle alors d'excitance énergétique monochromatique $M°(\lambda, T)$:

$$M°(\lambda, T) = \pi L°(\lambda, T) \qquad [W.m^{-2}.m^{-1}] \tag{1.3}$$

Cette dernière est représentée en échelle logarithmique sur la figure 1.2 en fonction de la longueur d'onde et pour différentes températures. Elle possède nécessairement pour chaque température T un maximum, à une longueur d'onde $\lambda_{max}(T)$ donnée par la loi de Wien :

$$\lambda_{max}(T) = \frac{3000}{T[K]} \qquad [\mu m] \tag{1.4}$$

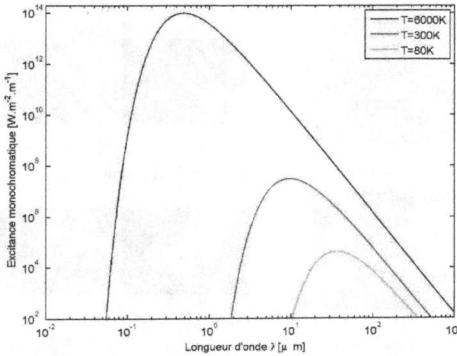

FIGURE 1.2 – Excitance monochromatique en fonction de la longueur d'onde pour trois températures : celle du soleil (6000 K), ambiante (300 K) et de l'azote liquide (80 K).

Ainsi un corps comme le soleil qui a une température de 6 000 K présente un maximum d'émission vers 500 nm (vert). Ce phénomène, combiné à la transmission de l'atmosphère dans le visible, explique probablement pourquoi notre œil a son maximum de sensibilité dans le vert. Au contraire un corps proche de la température ambiante (300K) présentera un maximum d'émission vers 10 μm. Il se trouve, comme on peut le voir sur la figure 1.1 que l'atmosphère a deux bandes de transmission dans cette gamme de longueur d'onde soit entre 3 et 5 μm (dite bande 2) et entre 8 et 14 μm (dite bande 3). Il est donc possible d'imager dans ces deux bandes l'émission des corps. Quand nous parlerons d'infrarouge dans la suite de ce manuscrit, ce sera sauf mention du contraire, pour parler de ces gammes de longueurs d'onde. Qui plus est, comme on peut le voir sur la figure 1.2 les courbes d'émission spectrale, pour différentes températures, ne se croisent pas. Autrement dit il y a un lien direct entre la puissance rayonnée par un corps et sa température. La réalisation d'imageurs infrarouge permet donc d'avoir sans aucun éclairage externe une image de la température de la scène. De plus comme la plupart des corps ne sont pas des corps noirs, l'image obtenue contient également une information sur l'émissivité (égale à l'absorptivité) des corps qui pondère leur émission spectrale.

1.1.2 Applications

La figure 1.3 représente des images infrarouge qui illustrent divers champs d'applications des imageurs infrarouge. L'application la plus connue est la vision nocturne qui, d'abord réservée aux secteurs de la défense et de la sécurité, commence à pénétrer des marchés grand public comme l'aide à la conduite de nuit, voire dans le futur la domotique, notamment grâce à l'essor de détecteurs bas coûts. Mais l'imagerie infrarouge est aussi utilisée pour faire de

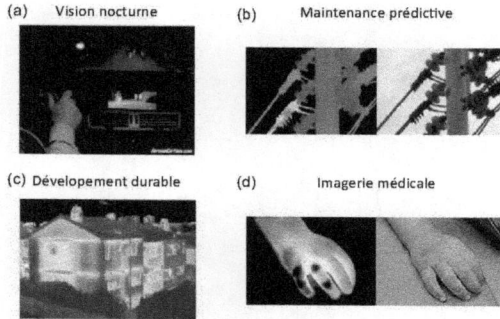

(a) Vision nocturne   (b) Maintenance prédictive

(c) Dévelopement durable   (d) Imagerie médicale

FIGURE 1.3 – Exemples d'images illustrant différentes applications de l'infrarouge

la thermographie, très utile dans l'industrie (détection de défauts électriques, ou de fuites thermiques dans le bâtiment), ou dans le secteur médical.

Avant de se focaliser sur la physique et le principe des détecteurs infrarouge, donnons d'abord quelques ordres de grandeurs qui pourront être utiles par la suite. Une longueur d'onde de 10 μm correspond à une énergie de 124 meV, (à titre de comparaison à 300 K, $kT = 26\ meV$). Il faut donc détecter des photons de petites énergies, en tout cas proches du quantum d'énergie thermique.

Il est possible de calculer la puissance rayonnée par un corps noir par unité de surface dA sur tout le spectre. Elle est donnée par la loi dite de Stefan :

$$\frac{\mathrm{d}P}{\mathrm{d}A} = \int_0^\infty M_\lambda^\circ(\lambda, T)\mathrm{d}\lambda = \sigma T^4 \quad [W.m^{-2}] \quad \text{où} \quad \sigma = \frac{2\pi^5 k^4}{15h^3c^2} = 5,7{\times}10^{-8}\ Wm^{-2}K^{-4}.$$

$$(1.5)$$

Nous nous intéresserons plus particulièrement à l'émission d'un corps noir à 300 K émettant dans la bande 8-14 μm. Cette émission correspond à une densité de flux donnée par :

$$\frac{\mathrm{d}P_{8-14\mu m}}{\mathrm{d}A}(300K) = \int_8^{14} M_\lambda^\circ(\lambda, 300K)\mathrm{d}\lambda = 172\ Wm^{-2} \qquad (1.6)$$

Notons que comme nous sommes aux abords du maximum donné par la loi de Wien soit 10 μm à 300 K, l'émission du corps noir sur la bande 8-14 μm correspond à 37% de l'émission sur tout le spectre donnée par la loi de Stefan.

Cependant en détection infrarouge, ce qui nous intéresse n'est pas tant la puissance rayonnée par un corps aux alentours de 300 K que le contraste de puissance rayonnée induit par un contraste de température sur une scène. Ainsi le changement de flux émis sur la bande 8-12 μm par un corps noir proche de 300K subissant un changement de température de 1 K est de :

$$\frac{\mathrm{d}P_{8-14}}{\mathrm{d}T\mathrm{d}A}(300K) = 2.63 \ Wm^{-2}K^{-1} \tag{1.7}$$

Notons que cette variation de puissance émise est à peu près répartie uniformément sur la bande 3.

1.2 Les détecteurs infrarouge

Comme nous l'avons vu, l'infrarouge correspond à de grandes longueurs d'ondes (typiquement un ordre de grandeur plus grandes que celles du visible), mais du point de vue du détecteur la difficulté est que cela correspond aussi à des photons d'énergies 10 fois plus faibles qu'il faut être capable d'absorber et de traduire en un signal électrique. Les détecteurs infrarouge utilisés aujourd'hui peuvent être classés en deux catégories radicalement différentes :

- Les détecteurs dits quantiques où l'absorption d'un photon se traduit par une transition électronique, qui donnera lieu à un photo-signal.

- Les détecteurs dits thermiques où l'absorption de la puissance incidente conduit à un échauffement qui sera lui même traduit en changement de signal électrique.

1.2.1 Les détecteurs quantiques

Les détecteurs quantiques utilisent des matériaux semi-conducteurs. L'absorption d'un photon d'énergie supérieure au gap permet dans ces détecteurs d'obtenir un photo-courant. Les matériaux utilisés doivent donc posséder de petits gaps comme les alliages d'HgCdTe pour absorber dans les longueurs d'ondes qui nous intéressent. Le désavantage inhérent de ces matériaux à petit gap est leur fort courant d'obscurité (courant traversant le détecteur en l'absence de radiation incidente). En effet, le bruit de Shottky de ce dernier tend à masquer le photo-signal que l'on cherche à mesurer. En première approximation, on peut le considérer comme gouverné par une loi de type Arrhenius :

$$I_{obs} \propto \exp\left(\frac{-E_g}{kT}\right) \tag{1.8}$$

où $E_g = hc/\lambda = 120$ meV à 10 μm, et $kT = 26$ meV à 300 K. Plus le gap E_g est faible, plus le courant d'obscurité est important. De plus, les défauts générés dans ces matériaux (généralement moins bien maîtrisés que le silicium) lors de leur synthèse ou lors de la fabrication des dispositifs, peuvent également contribuer au courant d'obscurité. Afin de diminuer ce dernier, on refroidit ces détecteurs à des températures proches ou inférieures à celle de l'azote liquide (77 K). C'est pour cette raison que l'on parle également de détecteur "refroidi".

Afin d'être capable de lire les matrices de ces détecteurs, que l'on nomme plans focaux, il est nécessaire d'hybrider chacun des pixels grâce à des billes d'indium à un circuit de lecture en silicium. Cette étape est complexe et coûteuse.

Si ces détecteurs sont très performants, les caméras qui les utilisent sont très coûteuses à cause de la fabrication de ces matériaux exotiques, des procédés technologiques associés, de l'hybridation mais aussi de la nécessité du refroidissement. Ce dernier se traduit également pour le système final par des contraintes en termes de volume et d'autonomie. Le matériau-roi dans ce domaine est le HgCdTe (semi-conducteur II-VI), utilisé sous forme de diode (i.e. jonction pn). En France, il est développé en amont au CEA-LETI et commercialisé par la société SOFRADIR (filiale de Thalès et Sagem).

1.2.2   Les détecteurs bolométriques

La deuxième catégorie de détecteurs, aussi appelés détecteur non refroidis, (par opposition aux détecteurs quantiques), ne nécessite pas de refroidissement. Parmi eux on se focalisera sur le bolomètre résistif dont le fonctionnement obéit au principe suivant : le flux incident est absorbé par une membrane suspendue (pour assurer son isolation thermique) ce qui provoque son échauffement. L'un des matériaux la constituant est choisi pour la forte dépendance de sa résistivité avec la température. Ainsi la simple mesure du changement de résistance de la membrane permet de détecter un flux infrarouge incident. Nous reviendrons en détail sur le principe de ce type de détecteur dans le chapitre suivant puisqu'il constitue le fil d'Ariane de mes travaux de thèse. Si les performances de ces détecteurs non refroidis sont moindres que celles des détecteurs quantiques, que ce soit en terme de sensibilité ou de temps de réponse, leur prix est beaucoup plus abordable. En effet, ils sont généralement constitués de matériaux compatibles avec la micro-électronique silicium et peuvent être fabriqués directement sur leur circuit de lecture sans nécessité d'une hybridation. De plus, ils fonctionnent à température ambiante. En France, cette filière a été développée au CEA-LETI, et est exploitée par la société ULIS.

1.3   Détecteurs infrarouge et nanotechnologies

Avant de présenter plus en détail la physique des bolomètres, et de présenter mes travaux sur l'utilisation d'un nano-matériau, puis de nano-structures plasmoniques pour améliorer leurs performances, je souhaite m'attarder sur l'utilisation des nanotechnologies pour la détection infrarouge de manière générale. En effet comme je vais l'illustrer à travers quelques exemples, cette approche n'est pas nouvelle, et ne doit rien au hasard ni à un effet de mode.

La détection infrarouge constitue un domaine de choix pour l'utilisation du potentiel des nanotechnologies. Si ces dernières offrent des possibilités de miniaturisation évidentes, c'est davantage la nécessité d'obtenir des nouveaux matériaux, ou de créer des matériaux artificiels aux propriétés n'existant pas dans la nature, qui est intéressante. Cela est facilité dans l'infrarouge par le fait que l'on s'intéresse à de grandes longueurs d'ondes, et à de petites énergies. Il est donc plus aisé de structurer la matière à l'échelle sub-longueur d'onde pour manipuler la lumière infrarouge, ou de confiner des électrons pour faire ce que l'on appelle aujourd'hui de "l'ingénierie quantique". Certains aspects des nanotechnologies sont, comme nous allons le voir, déjà utilisés dans l'industrie alors que d'autres sont encore étudiés dans les laboratoires comme des pistes prometteuses.

1.3.1 Confinement quantique

Comme nous l'avons vu ci-dessus, il est essentiel dans les détecteurs quantiques basés sur des transitions inter-bandes d'utiliser des semi-conducteurs à petit gap. L'InSb peut par exemple être utilisé en bande 2, et le HgCdTe en bande 2 et 3, mais le choix de matériau reste relativement limité.

Cependant la réalisation d'hétéro-jonctions fabriquées par épitaxie par jets moléculaires permet, grâce au confinement quantique des électrons, de réaliser une ingénierie quantique de ces structures. En effet, la manipulation de niveaux d'énergies artificiels dans ces matériaux permet le modelage de leurs propriétés optoélectroniques.

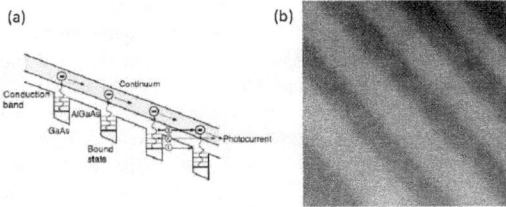

FIGURE 1.4 – (a) Structure de bandes d'un QWIP. Les électrons, grâce à l'absorption d'un photon, sont promus de l'état lié des puits vers le continuum. (b) Image TEM d'un QWIP.

L'exemple le plus connu est le QWIP (Quantum Well Infrared Photodetector) (figure 1.4). Il est constitué d'une succession de puits quantiques formés par du GaAs (matériau à petit gap formant les puits) et d'AlGaAs (matériau à grand gap formant les barrières). L'énergie des niveaux discrets dans le puits et donc des transitions électroniques intrabandes associées peut être ajustée, en jouant sur la composition des matériaux et les épaisseurs des couches. Il est alors possible d'obtenir des transitions piquées en longueur d'onde dans l'infrarouge (et dans le THz) car effectuées entre niveaux discrets (ou entre niveaux discrets et continuum). Les électrons promus peuvent être récoltés à l'aide d'un champ appliqué. Le fonctionnement est unipolaire, ce qui évite des recombinaisons entre électrons et trous. De plus ces détecteurs bénéficient de la grande maturité des matériaux III-V également utilisés en télécommunications, ce qui a permis à la société Thalès de commercialiser ce type de dispositifs fabriqués au 3-5 lab. La très bonne uniformité de ces détecteurs, due à la maîtrise du matériau, permet de réaliser de grandes matrices : 1024×768 pixels ou plus. Cependant, ces détecteurs sont pénalisés par des rendements quantiques relativement faibles notamment à cause de leur faible absorption. Enfin leur réponse spectrale piquée peut être un avantage pour certaines applications, mais engendre aussi une sensibilité réduite.

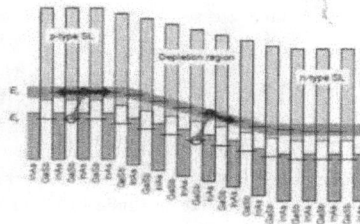

FIGURE 1.5 – Schéma de bandes d'un super réseau. La périodicité artificielle du matériau crée deux minibandes dans ce matériau de type 2.

Aujourd'hui d'autres types d'hétérostructures, comme les super-réseaux de type 2 (InAs/GaSb) (Cf. figure 1.5) dont le développement est moins abouti, concentrent de nombreuse recherches. Dans ce type d'hétéro-structures la périodicité artificielle de l'empilement et la faible épaisseur des couches permettant un couplage entre puits qui engendrent l'apparition de "mini-bandes". L'écart d'énergie entre ces bandes peut être ajusté pour obtenir des transitions électroniques avec une longueur d'onde de coupure (transition inter-bande) en bande 2 ou en bande 3. L'avantage de ce type de dispositif par rapport au QWIP est une réponse spectrale plus large ne nécessitant pas de réseau de couplage optique et de meilleurs rendements quantiques. Cependant leur développement est encore à l'étape du laboratoire. En France, la fabrication du matériau est aujourd'hui assurée par l'IES (Université de Montpellier).

On a donc vu à travers les exemples du QWIP et des super-réseaux de type 2 comment l'utilisation de couches minces d'épaisseurs nanométriques et du confinement quantique ainsi induit permet de créer de nouveaux matériaux dont les propriétés peuvent être utilisées en détection infrarouge.

1.3.2 Nanomatériaux

En dehors des couches minces, la communauté scientifique s'intéresse aussi de façon plus prospective aux nano-matériaux comme les nanotubes, le graphème, les quantum dots. Outre le fait qu'il est nécessaire que ces matériaux aient une absorption dans l'infrarouge, deux difficultés majeures apparaissent pour la mise au point de détecteurs :

- Comment manipuler et positionner de tels objets pour obtenir des matrices de détecteurs ?

- Quelle sera la réponse de ces objets ayant a priori des surfaces d'absorption extrêmement petites ?

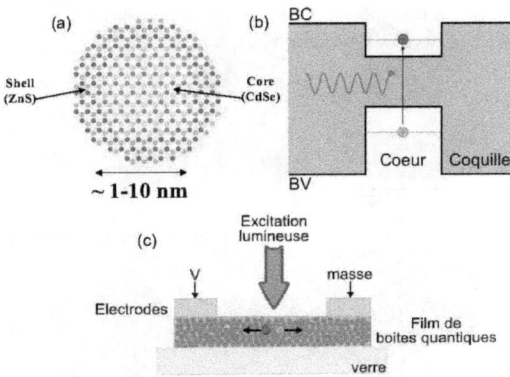

FIGURE 1.6 – (a) Schéma d'un Quantum Dot colloidale coeur/coquille. (b) Structure de bande (c) Schéma d'un détecteur optique à base films de QDs.

Les quantum dots (c-QD) colloïdaux sont un des matériaux les plus prometteurs pour la détection quantique. La fabrication par voie colloïdale de ces structures coeurs-coquilles (Cf. figures 1.6) de quelques dizaines de nanomètres de diamètre permet d'obtenir un confinement quantique de dimensionnalité nulle. Pour remédier aux deux problèmes soulevés ci-dessus, les c-QD sont assemblés sous forme de film qui peut ainsi être plus aisément manipulé et traité en salle blanche pour donner des dispositifs. Un certains nombre de verrous technologiques restent encore à lever, notamment la difficulté d'extraire les porteurs dans de tels matériaux désordonnés, et l'amélioration de la qualité du matériau qui contient de nombreux défauts piégeants. Enfin si réaliser des c-QD qui absorbent bien dans le visible et le proche IR est aujourd'hui maîtrisé, l'extension en bande 2 voire 3 reste un challenge[1].

On verra dans la partie 2 de ce manuscrit, comment, selon une approche similaire, les propriétés des films de nanotubes de carbone peuvent être utilisées pour réaliser des détecteurs bolométriques.

1.3.3 Résonance sub-longueur d'onde

Les nanotechnologies offrent la possibilité de structurer la matière à l'échelle sub-longueur d'onde et de créer ainsi de véritables méta-matériaux. Réaliser de tels objets est donc plus aisé dans l'infrarouge thermique (i.e. vers 10 μm) que dans le visible. Nous nous concentrerons ici sur l'utilisation de résonances plasmoniques induites aux interfaces métal/diélectrique et sur leur utilisation pour la détection infrarouge. A travers deux exemples je souhaite montrer comment il est possible de manipuler la lumière, de la confiner à l'échelle sub-longueur d'onde, et comment le caractère résonant de ces structures permet la réalisation

---

[1]LHUILLIER et al., « Thermal properties of mid-infrared colloidal quantum dot detectors ».

d'un filtrage spectral en transmission ou d'une absorption signée ouvrant la porte à de
nouveaux concepts de détection hyperspectrale.

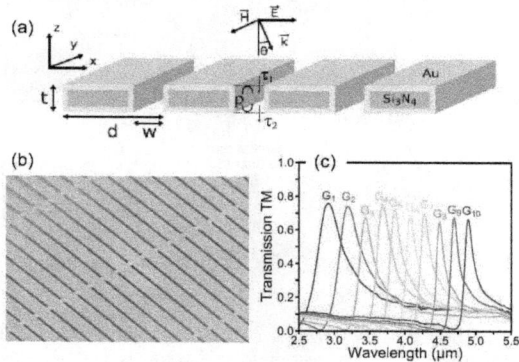

FIGURE 1.7 – (a) Schéma de la structure dite "vitrail" : il s'agit d'un réseau de fentes
dans une feuille d'or, en réalité des poutres portantes en SiN recouvertes d'une
épaisseur d'or supérieure à la profondeur de peau. (b) Image MEB de la structure.
(c) Transmission de différentes structures. La position du pic de transmission est
ajustable en variant les paramètres géométriques (ici la période du réseau).

Pour illustrer les propriétés des structures plasmoniques et leur intérêt pour la détection
infrarouge, je vais commencer par présenter une réalisation faite dans mon groupe lors de la
thèse de Grégory Vincent[2]. La structure, représentée sur les figures 1.7.a-b, est constituée
de fentes dans un couche d'or épaisse (en réalité une structure en diélectrique entourée d'or
pour des raisons mécaniques). Une résonance verticale apparaît dans les fentes, qui conduit
à un pic de transmission. En dehors de la résonance, les photons incidents voient globa-
lement une simple feuille d'or et ne sont donc pas transmis. Au contraire, à la résonance,
une transmission extraordinaire apparaît. En effet, des transmissions de 70% sont observées
alors que l'ouverture géométrique de la structure est seulement de 10%. Plusieurs propriétés propres aux résonateurs plasmoniques apparaissent dans cet exemple. Premièrement le
caractère résonant, qui permet ici d'ajuster la longueur d'onde de transmission des filtres
à l'aide de paramètres géométriques (Cf. Figure 1.7.c). Ensuite le phénomène de transmission extraordinaire qui signifie que le résonateur récolte les photons sur une section efficace
supérieure à sa section géométrique.

Le second exemple sur lequel je souhaite m'arrêter est issu des travaux de Le Perchec
et al.[3] (CEA-LETI). Ils ont su tirer profit de ces effets grâce à une structure faite d'un
empilement métal/semi-conducteur/métal (Cf. figure 1.8). Les auteurs montrent qu'ils sont
capables avec une telle structure d'obtenir dans l'infrarouge thermique 80% d'absorption
dans le semi-conducteur (ici du HgCdTe) alors que son épaisseur est seulement de 400 nm.

---

[2]HAÏDAR et al., « Free-standing subwavelength metallic gratings for snapshot multispectral imaging ».
[3]LE PERCHEC et al., « Plasmon-based photosensors comprising a very thin semiconducting region ».

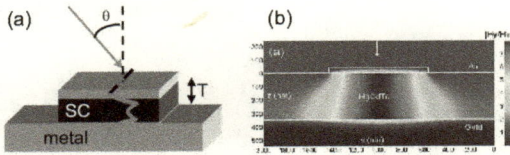

FIGURE 1.8 – Schéma de la structure de Le Perchec et al. : Il s'agit d'un empilement
métal/semi-conducteur/métal. (b) Carte de champ de la structure à la résonance :
Le champ est confiné dans le résonateur

Cette exaltation est due à un confinement du champ dans la zone semi-conductrice. De
plus comme décrit plus haut, il y a également un effet de focalisation latérale. Enfin cette
absorption est signée spectralement.

L'intérêt de ce confinement vertical et latéral du champ est une réduction du temps de
réponse du détecteur (le temps de parcours des porteurs est réduit), une augmentation de
l'efficacité quantique (meilleure absorption et moins de recombinaisons), et une diminution
du courant d'obscurité (diminution du volume). La combinaison de ces effets permettrait
d'avoir des détecteurs IR plus performants et/ou fonctionnant à des températures plus élevées que l'azote liquide, ce qui présente un intérêt pratique de premier ordre.

Ensuite la signature spectrale de ces détecteurs, uniquement à l'aide des dimensions latérales des patchs métalliques, permet de signer différemment chaque pixel, et d'envisager la
réalisation d'imageurs hyper-spectraux (L'enjeu est de voir en "couleurs" dans l'infrarouge).

C'est ce type de structures qui sera utilisé dans la troisième partie de ce manuscrit mais
appliqué cette fois non à des détecteurs quantiques, mais à des bolomètres.

1.4 Conclusion

Tout d'abord nous avons présenté le domaine de la détection infrarouge et ses champs
d'applications. Deux grandes familles de détecteurs existent aujourd'hui :

- les détecteurs quantiques qui, s'ils sont très performants, sont en revanche très coûteux
et nécessitent un refroidissement cryogénique.

- les détecteurs "non refroidis" et plus particulièrement les bolomètres qui sont moins coûteux et moins performants. Le chapitre suivant sera consacré exclusivement à la présentation
de ces détecteurs qui sont le fil d'Ariane de mes travaux de thèse.

Enfin, nous avons montré que si l'utilisation des nanotechnologies pour l'optique infrarouge est loin d'être nouvelle, elle reste un sujet très dynamique notamment du fait de son
potentiel innovant et des enjeux industriels impliqués.

Chapitre

2   Les Bolomètres

Sommaire

N ous allons présenter dans ce chapitre les dispositifs qui sont le thème de ma thèse : les bolomètres. Nous commencerons par présenter leur physique avant de nous attarder sur les technologies actuelles, et de décrire en quoi les nanotechnologies permettent d'envisager une rupture conceptuelle dans leur développement futur.

2.1   Principe

Les détecteurs bolométriques font partie de la famille des détecteurs thermiques. Contrairement aux détecteurs quantiques les photons ne sont pas transformés directement en porteurs.
En effet, le flux lumineux incident est converti en une élévation de température, qui est à
son tour convertie en signal électrique.

2.1.1   Biomimétisme

Les humains ne sont pas les premiers à avoir pu voir dans le noir grâce à des détecteurs
bolométriques. En effet[1], la nature a doté certains serpents, notamment le python réticulé
(dont la taille fait 6 à 9 m, et qui vit en Asie du sud-est) ou le crotale des bambous (taille
90 cm, Asie du sud-est) de tels capteurs pour repérer de petites proies à sang chaud ou leur
prédateurs.

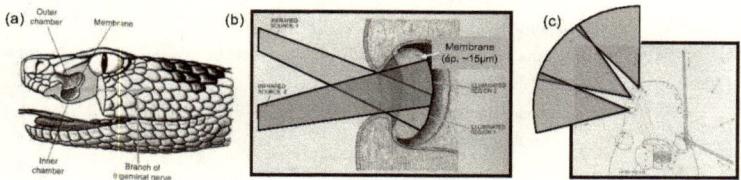

FIGURE 2.1 – (a) Emplacement de la zone détectrice chez le crotale des bambous. (b)
Schéma de l'organe détecteur constitué d'une membrane sensible à la chaleur tendue
à l'intérieur d'une cavité remplie d'air (diamètre de 1à 5 mm). (c) Les pythons
disposent quant à eux d'un ensemble de 13 paires de fossettes au dessus de la gueule

Les crotales disposent ainsi d'une paire de fossettes sensibles à l'infrarouge entre les na-
rines et les yeux (Cf. Fig. 2.1.a). Elles sont constituées d'une cavité remplie d'air (diamètre 1
à 5 mm) contenant une membrane tendue. Cette dernière absorbe le rayonnement infrarouge
incident et est sensible à l'échauffement ainsi provoqué (Cf. Fig. 2.1.b). La faible ouverture
de l'entrée de la membrane permet en plus à ce reptile d'avoir une image rudimentaire de la
scène. Les pythons disposent quant à eux d'un ensemble de 13 paires de fossettes au dessus
de la gueule (Cf. Fig. 2.1.c). Chaque fossette thermosensible voit donc une seule direction,
pour un champ visuel très large au final.

2.1.2   Structure des bolomètres

La première étape du mécanisme de détection d'un bolomètre est la conversion de l'énergie
lumineuse incidente en élévation de température. Pour que cette conversion soit efficace,

---

[1] Je remercie Isabelle Ribet-Mohamed, les informations exposées ici étant issues de ses recherches bibliographiques.

il doit être composé d'un absorbant qui soit isolé thermiquement d'un thermostat. Pour ce faire, le détecteur est constitué (Cf. figure 2.2) d'une membrane suspendue. Des bras assurent son isolation thermique tandis que des plots assurent sa suspension.

La deuxième étape du mécanisme de détection est la traduction de cet échauffement en signal électrique. Le procédé le plus couramment utilisé est l'introduction dans la membrane d'un matériau dont la résistivité dépend de la température. Ainsi en appliquant une tension (ou un courant) la simple mesure du courant (respectivement de la tension) permet de détecter l'échauffement et donc le flux de photon incident. On parle alors de bolomètre résistif. Le thermistor choisit, peut être, par exemple, un métal dont la résistivité augmente avec la température (diffusion des porteurs par les phonons), ou un semi-conducteur dont la résistivité décroît avec la température (effet dû à l'augmentation de la densité de porteurs libres supérieur à celui dû aux phonons). L'avantage majeur de ce type de dispositif est de pouvoir fonctionner à température ambiante.

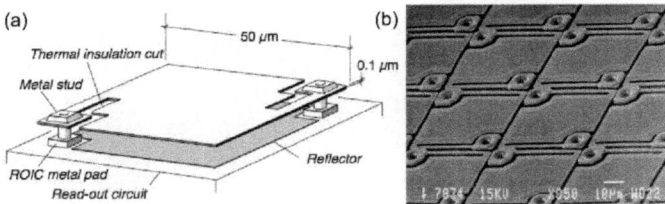

FIGURE 2.2 – (a) Schéma d'un pixel de micro-bolomètre. (b) Image MEB d'une matrice de micro-bolomètre

La figure 2.2.a représente le schéma d'un pixel bolométrique. Il est donc constitué d'une membrane suspendue au dessus de son substrat. Des plots permettent la suspension mécanique de la membrane, et assurent la connexion électrique avec le substrat permettant la mesure de la résistance. Enfin, pour que la membrane soit correctement isolée des bras d'isolation thermique sont formés sur celle-ci.

Les matériaux sont choisis de façon a être compatibles avec les technologies de la micro-électronique et des MEMs, permettant ainsi la réalisation de véritables matrices de dispositifs présentant une très grande densité et uniformité (Cf. figure 2.2.b). En effet pour réaliser des imageurs, il est crucial que tout les pixels est une réponse très proches. De plus pour diminuer les coûts, on cherche généralement à diminuer le pas des pixels pour en avoir un maximum sur une même surface.

Un avantage des micro-bolomètres est la fabrication directe des pixels sur leur circuit de lecture en silicium, contrairement aux détecteurs quantiques IR qui nécessitent une étape coûteuse d'hybridation de la couche de semi-conducteur cristallin (adaptée à la radiation à détecter) sur un circuit de lecture dense en silicium.

2.2   Réponse des bolomètres

Après avoir présenté le principe général et la structure des détecteurs bolométriques, nous allons maintenant décrire en détail leur fonctionnement et quantifier leur réponse.

2.2.1   Réponse optique

L'absorbant des bolomètres est généralement réalisé à partir d'une cavité quart d'onde. En effet, comme nous le verrons plus loin, placer une couche métallique de même impédance que le vide (soit $\sqrt{\mu_0/\epsilon_0} = 377$ Ohms) à une distance $\lambda/4$ d'un miroir permet d'obtenir un absorbant total à la longueur d'onde λ. Pour assurer une absorption pouvant couvrir une très large partie de la bande $8 - 12$ μm, la membrane est donc suspendue à une hauteur de $2,5$ μm au dessus de son substrat qui est recouvert d'un miroir. En pratique les pixels réalisés dans l'industrie absorbent la quasi-totalité du flux incident sur la bande 3 grâce à leur très forte densité.

2.2.2   Réponse thermique

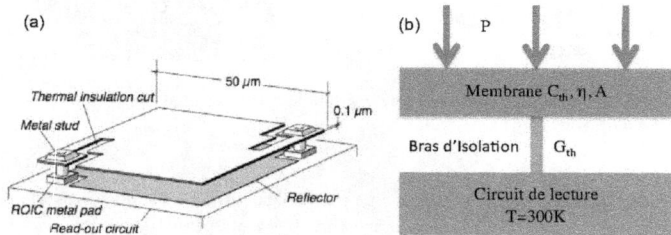

FIGURE 2.3 – (a) Schéma d'un pixel de micro-bolomètre au pas de 50 μm. (b) Schéma du principe du mécanisme de détection

On assimilera la membrane à un bloc absorbant de surface A, de coefficient d'absorption η, et de capacité thermique C_{th} [J/K]. Elle est reliée à son circuit de lecture qui est à la température ambiante T_a par des bras d'isolation de résistance thermique R_{th} [W/K]. La membrane est soumise à un flux P [W/m^2].

On peut écrire un bilan énergétique pour la membrane. Celle-ci ne fait que recevoir de l'énergie par absorption, et en perdre par conduction dans les bras, les autres modes d'échanges (convection, rayonnement, etc..) étant négligeables. La variation d'énergie stockée dans la membrane de capacité C_{th} et de température T est donc la somme des pertes par conduction thermique dans les bras de résistance R_{th} et de la puissance lumineuse absorbée sur l'aire A :

$$C_{th}\frac{dT}{dt} = \frac{-1}{R_{th}}(T - T_a) + \eta AP \tag{2.1}$$

L'élévation de température de la membrane $\Delta T = T - T_a$ suite à l'éclairement est donc donnée par :

$$\Delta T(t) = R_{th}\eta AP \left(1 - \exp\frac{-t}{R_{th}C_{th}}\right) \tag{2.2}$$

On peut donc définir la réponse thermique $\mathfrak{R}_{th} = \eta\ A\ R_{th}$ en $[K/(W/m^2)]$ comme l'élévation de température en régime stationnaire par unité de flux incident, ainsi que le temps caractéristique de cette réponse $\tau = R_{th}\ C_{th}\ [s]$. Ces deux paramètres sont des figures de mérite importantes pour les bolomètres.

Pour avoir une bonne réponse thermique, il faut donc que la membrane soit un bon absorbant ($\eta \simeq 1$), et que les matériaux constituant les bras soient un bon isolant thermique (R_{th} élevée). Enfin remarquons que la réponse est proportionnelle à l'aire du détecteur A, ce qui tend à pénaliser les performances si on cherche à réduire le pas des pixels.

2.2.3   Réponse électrique

Après avoir décrit la réponse thermique du détecteur nous allons décrire sa réponse électrique, c'est à dire la manière dont le thermisor traduit l'élévation de température de la membrane en signal électrique. Pour cela considérons que le thermistor (de la membrane) a une résistance R, et une dépendance de sa résistance avec la température décrite par sa TCR (Temperature Coefficient of Resistance) qui est la variation relative de la résistance avec la température : $TCR = \frac{1}{R}\frac{dR}{dT}$ (exprimée en $\%/K$). On impose au thermistor une tension V, et on mesure le courant i le traversant. La variation de courant Δi induite par l'échauffement de la membrane ΔT est obtenue en dérivant la loi d'Ohm :

$$\Delta i = V\frac{TCR}{R}\Delta T \tag{2.3}$$

Il apparaît donc que la réponse du détecteur augmente avec la tension de polarisation. Néanmoins en termes de consommation électrique cette polarisation est coûteuse, et on verra plus loin qu'elle tend aussi à augmenter les niveaux de bruit. Par ailleurs, la réponse du bolomètre est meilleure si le matériau du thermistor possède une TCR élevée. Une faible résistivité (R faible) apparaît aussi comme un avantage (uniquement si l'on polarise via une tension).

2.2.4 Réponse totale

La réponse totale du détecteur est la combinaison de la réponse thermique et de la réponse
électrique. Le changement de courant Δi induit par un éclairement P, autrement dit la
réponse du détecteur $\Re$ est donnée par :

$$\Re = \frac{\eta \ A \ TCR \ V \ R_{th}}{R} \qquad [A/(W/m^2)] \qquad (2.4)$$

Quant au temps de réponse du détecteur, il est dominé par la thermique et est donc :

$$\tau = R_{th} \ C_{th} \qquad [s] \qquad (2.5)$$

Il est toutefois prématuré de détailler les paramètres sur lesquels on peut jouer pour
réaliser un bolomètre efficace. En effet, une bonne réponse ne sert à rien si le niveau de bruit
est élevé.

2.3 Bruits dans les bolomètres

Nous allons maintenant présenter les quatre types de bruit présents dans les bolomètres
qui limitent leur sensibilité. Les trois premiers ont la même origine : l'agitation thermique
qui engendre des fluctuations inhérentes au système. Elles se traduisent par une fluctuation
de la puissance lumineuse échangée entre la scène observée et l'absorbeur du bolomètre
(bruit des fluctuations du fond), de la puissance électrique dissipée dans le thermistor du
bolomètre (bruit de Johnson), et de la puissance thermique échangée entre la membrane et
son environnement via les bras d'isolation (bruit des fluctuations thermiques). Il est possible de
décrire quantitativement ces bruits qui sont de nature fondamentale. Une quatrième source
de bruit est présente dans les bolomètres résistifs : le bruit 1/f. Ce dernier ne peut être décrit
que de manière phénoménologique.

2.3.1 Bruit de Johnson

Le bruit de Johnson est le bruit électronique généré par l'agitation thermique des porteurs
dans le thermistor. Il est très général et n'est pas propre aux détecteurs. Si son expression est
bien connue nous allons cependant proposer une manière de la retrouver via un formalisme
simplifié. Cela nous permettra d'exprimer de la même manière l'expression du bruit des
fluctuations thermiques qui, elle, est moins connu.

Considérons le thermistor de la membrane du bolomètre comme ayant une résistance R et
une capacité C aussi infime soit-elle (Cf. schéma 2.4). La probabilité d'avoir une fluctuation
de potentiel de valeur V aux bornes du système est donnée par la distribution de Boltzmann :

$$P(V) = \sqrt{\frac{C}{2\pi kT}} \, \exp\left(\frac{-CV^2}{2kT}\right) \tag{2.6}$$

La moyenne du carré de la tension aux bornes de la capacité engendrée par l'agitation thermique est donc donnée par :

$$\overline{|V|^2} = \int_{-\infty}^{+\infty} V^2 \, P(V) dV \tag{2.7}$$

$$\overline{|V|^2} = \sqrt{\frac{C}{2\pi kT}} \sqrt{\left(\frac{2kT}{C}\right)^3} \int_{-\infty}^{+\infty} x^2 e^{-x^2} dx \tag{2.8}$$

$$\overline{|V|^2} = \frac{kT}{C} \qquad [V^2] \tag{2.9}$$

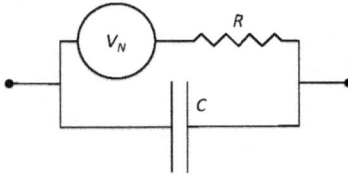

FIGURE 2.4 – Schéma équivalent de la génération du bruit de Johnson dans le thermistor

Considérons maintenant que cette tension V est créée par l'agitation thermique des porteurs qui engendrent une source de bruit intrinsèque V_N de densité spectrale $S_J^V(f)$ $[V^2/Hz]$. La moyenne sur le temps du carrée de la tension $\overline{|V^2|}$ aux bornes de l'ensemble à une fréquence f est donc donnée par :

$$\overline{|V^2|} = \overline{|V_N|^2} \, \frac{1}{1 + (2\pi f RC)^2} \qquad [V^2] \tag{2.10}$$

Et si l'on parle en densité spectrale i.e. à une fréquence donnée, il vient :

$$d|V|^2 = \frac{S_J^V(f)}{1 + (2\pi f RC)^2} \, df \qquad [V^2] \tag{2.11}$$

Intégrons maintenant $d|V|^2$ sur toutes les fréquences pour obtenir $\overline{|V|^2}$. Aux fréquences électroniques, la source de bruit dans la résistance S_J^V peut être considérée comme blanche.

Appliquons donc la substitution $x = 2\pi f RC$. Il vient :

$$\overline{|V|^2} = \int_0^\infty d\overline{|V|^2} \qquad [V^2] \tag{2.12}$$

$$\overline{|V|^2} = \frac{S_J^V}{2\pi RC} \int_0^\infty \frac{dx}{1+x^2} \tag{2.13}$$

$$\overline{|V|^2} = \frac{S_J^V}{4RC} \tag{2.14}$$

En égalisant les équations 2.9 et 2.14 on obtient la densité spectrale de bruit en tension :

$$S_J^V = 4kTR \qquad [V^2/Hz] \tag{2.15}$$

La densité spectrale en courant S_J^I est donc donnée par :

$$S_J^I = \frac{4\,k\,T}{R} \qquad [A^2/Hz] \tag{2.16}$$

Ce bruit étant blanc, le bruit en courant I_J sur un intervalle de fréquence $[f_b, f_h]$ est donc :

$$I_J = 2 \sqrt{\frac{k\,T\,(f_h - f_b)}{R}} \qquad [A] \tag{2.17}$$

2.3.2   Bruit des fluctuations thermiques

Reprenons le même calcul pour le bruit des fluctuations thermiques, qui est l'équivalent du bruit de Johnson pour la thermique. Autrement dit il s'agit du bruit sur le flux de chaleur échangé entre la membrane et le thermostat via les bras d'isolation. Il convient donc de considérer non pas une différence de potentiel V mais de température T, et non pas une résistance et une capacité électrique, mais une résistance thermique R_{th} et une capacité thermique C_{th}.

En effectuant une analogie formelle, on peut reprendre le même schéma équivalent (Cf. Eq. 2.4) et le même calcul (Cf. Eq. 2.10 à 2.14) que précédemment, il vient :

$$\overline{|T|^2} = \frac{S_{TF}^T}{4R_{th}C_{th}} \qquad [K^2] \tag{2.18}$$

Les fluctuations de température aux bornes d'une capacité thermique ne se calculent pas de la même manière que pour une capacité électrique (Cf. Eq. 2.9). Elles sont données par[2] :

$$\overline{|T|^2} = \frac{kT^2}{C_{th}} \qquad [K^2] \tag{2.19}$$

---

[2]TOLMAN, *The principles of statistical mechanics.*

De la même façon que ci-dessus, en égalisant les équations 2.18 et 2.19 on obtient la densité spectrale de bruit des fluctuations de température :

$$S_{TF}^T = 4kT^2 R_{th} \qquad [K^2/Hz] \qquad (2.20)$$

Ces fluctuations de température sont alors traduites, de même que l'échauffement dû à l'absorption, en fluctuations de courant par le thermistor via la réponse électrique (Cf. Eq. 2.3). Le bruit engendré dans le bolomètre sur la bande passante $[f_h, f_b]$ est donc :

$$I_{TF} = \frac{V\ TCR}{R}\ 2\ T\ \sqrt{k\ R_{th}\ (f_h - f_b)} \qquad [A] \qquad (2.21)$$

2.3.3   Bruit des fluctuations du fond

A la différence du bruit des fluctuations thermiques, le bruit des fluctuations du fond ne s'agit pas d'un échange de puissance par conduction thermique entre la membrane et le circuit de lecture, mais d'un échange de puissance par voie radiative entre l'absorbeur de la membrane et la scène observée. L'expression du bruit de la puissance rayonnée par un corps noir étant un calcul relativement lourd, nous proposons plutôt d'obtenir l'expression du bruit des fluctuations du fond par analogie avec le bruit des fluctuations thermiques.

La formule 2.20, donne la densité spectrale du bruit engendré sur la température. On peut donc exprimer la densité spectrale du bruit sur la puissance échangée par conduction thermique $S_{TF}^{P_{th}}$ via R_{th}^2 :

$$S_{TF}^{P_{th}} = \frac{4kT^2}{R_{th}} \qquad [W^2/Hz] \qquad (2.22)$$

Pour obtenir l'expression du bruit des fluctuations du fond, il faut donc trouver l' "impédance" équivalente de l'échange radiatif entre l'absorbant et la scène observée. En assimilant cette dernière à un corps noir de même température T que le détecteur, cette relation peut être obtenue par l'équation de Stephan (Cf. Eq. **??**). En dérivant celle-ci par rapport à la température, et en tenant compte de l'absorbance et de l'aire du pixel, on obtient la conductance radiative équivalente :

$$G_{equi}^{rad} = \eta\ A\ \frac{d(\sigma\ T^4)}{dT} \qquad [W/K] \qquad (2.23)$$
$$= 4\ \eta\ A\ \sigma\ T^3 \qquad (2.24)$$

En combinant les équations 2.22 et 2.23, il vient que la densité spectrale du bruit sur la puissance radiative absorbée dû aux fluctuations du fond est :

$$S_{BF}^{P_{rad}} = 16\ \eta\ A\ k\ \sigma\ T^5 \qquad [W^2/Hz] \qquad (2.25)$$

Pour obtenir le bruit en courant engendré sur une bande passante $[f_h, f_b]$, il convient de multiplier cette puissance par la réponse après absorption $(\Re/\eta A)^2$:

$$I_{BF} = 4\Re\sqrt{\frac{k \; \sigma \; T^5(f_h - f_b)}{\eta \; A}} \qquad [A] \tag{2.26}$$

2.3.4 Bruit 1/f

Le bruit 1/f est un bruit couramment observé à basse fréquence dans les dispositifs électroniques. Il n'est pas considéré comme fondamental car il est propre au matériau et au procédé de fabrication qui a permis d'obtenir le dispositif. La densité spectrale de bruit 1/f sur le courant I mesuré peut néanmoins s'exprimer phénoménologiquement de la manière suivante[3] :

$$S_{1/f}^{I} = K_f \; I^2 \; \frac{1}{f} \qquad [A^2/Hz] \tag{2.27}$$

Inutile d'expliquer pourquoi ce bruit est appelé "1/f" ou "basse fréquence". Notons que contrairement aux trois précédents, ce bruit n'existe que lorsqu'on fait passer un courant I dans le dispositif. K_f est une constante propre aux matériaux et aux procédés de fabrication des dispositifs. De manière générale plus le matériau et la technologie employée sont de "qualité", plus K_f est faible. De même plus le matériau contient de défauts et est désordonné, plus K_f est grande. Enfin comme l'a montré Hooge, K_f est généralement inversement proportionnel au nombre de porteurs dans le système, et donc au volume V du dispositif.

$$K_f = \frac{\alpha_H}{V} \tag{2.28}$$

Le bruit 1/f en courant sur la bande passante $[f_b, f_h]$ est donc donné par :

$$I_{1/f} = \sqrt{K_f} \; I \; \sqrt{\ln\left(\frac{f_h}{f_b}\right)} \qquad [A] \tag{2.29}$$

2.3.5 Bruit total

Après avoir présenté les quatre sources de bruit présentes dans les bolomètres résistifs, nous étudierons au paragraphe 2.4.2 leurs impacts respectifs sur les performances de ces détecteurs. Leur contribution étant indépendante, le bruit total dans le détecteur I_{tot} s'obtient comme la somme quadratique de ces bruits :

---

[3] HOOGE, « $1/f$ noise is no surface effect ».

$$I_{tot}^2 = I_J^2 + I_{TF}^2 + I_{BF}^2 + I_{1/f}^2 \quad [A^2] \tag{2.30}$$

où comme montré ci-dessus :

- $I_J = 2 \sqrt{\frac{k\,T\,(f_h - f_b)}{R}}$
- $I_{TF} = \frac{V\,TCR}{R}\, 2\,T\, \sqrt{k\,R_{th}\,(f_h - f_b)}$
- $I_{BF} = 4\Re \sqrt{\frac{k\,\sigma\,T^5(f_h - f_b)}{\eta\,A}}$
- $I_{1/f} = \sqrt{K_f}\,I\,\sqrt{\ln\left(\frac{f_h}{f_b}\right)}$

2.4   Sensibilité

La conception d'un détecteur passe nécessairement par l'optimisation de son rapport signal à bruit. En effet, il ne sert souvent à rien d'avoir une très forte réponse si on a un fort niveau de bruit, ou un détecteur bas bruit si on a une très faible réponse. Plutôt que de parler de rapport signal à bruit qui est une quantité abstraite, on utilise souvent la sensibilité que l'on définie comme le plus petit signal détectable, c'est-à-dire le signal d'entrée engendrant un signal de sortie égal au bruit. Dans un détecteur de lumière on utilisera ainsi la NEP (Noise Equivalent Power) qui est la puissance incidente engendrant un signal équivalent au niveau de bruit.

2.4.1   Définition du NETD

Cependant en détection infrarouge, d'un point de vue applicatif, on cherche surtout (comme vue en 1.1.2) à imager des écarts de température sur la scène observée. La figure de mérite couramment utilisée est donc le $NETD$ (Noise Equivalent Temperature Difference) qui est le plus petit écart de température détectable sur la scène (i.e engendrant le même niveau de signal de sortie que le bruit I_N). On peut donc écrire :

$$I_N = \Re\,\frac{d\Phi}{dT}\,NETD \quad [A] \tag{2.31}$$

où $NEDT$ (en Kelvin) est le changement de température sur la scène engendrant un signal égal au bruit I_N. $d\Phi/dT$ est le changement de flux arrivant sur le détecteur induit par un changement de température de la scène, et $\Re$ la réponse du détecteur (i.e le courant engendré par un changement de flux reçu.) Cependant $d\Phi/dT$ dépend de la configuration optique choisie. Un calcul d'optique géométrique permet alors d'établir que :

$$NETD = \frac{4\,F^2\,I_N}{\Re\,(dP_{8-14}/dT)} \quad [K] \tag{2.32}$$

où dP_{8-14}/dT est le changement de flux émis par le corps noir sur la bande $8 - 14\mu m$ pour un changement de température de ce dernier de un kelvin (obtenu à partir de l'équation 1.7). F décrit la configuration optique du système : On a $4F^2 = 4(f/D)^2 + 1$ où f est la focale de l'optique et D son diamètre. f/D est nommé le "f number". On exprime usuellement le NETD pour une ouverture de f/1, à la fréquence TV (30 ou 50 Hz), et à 300K puisque l'on parle de détecteurs non refroidis observant des scènes à température ambiante.

2.4.2   Expression des NETD pour les différents bruits

Nous avons exprimé dans les parties 2.2.4 la réponse $\Re$ du détecteur et dans 2.3 les bruits présents. Il est donc possible d'exprimer les NEDT dans chacun des cas :

- Johnson :

$$NETD_J = \frac{8\ F^2\ \sqrt{kT\ R\ (f_h - f_b)}}{\eta\ A\ TCR\ V\ R_{th}\ (dP_{8-14}/dT)}\qquad [K]\qquad\qquad(2.33)$$

- Fluctuations de températures :

$$NETD_{TF} = \frac{8\ F^2\ T\ \sqrt{k\ (f_h - f_b)}}{\eta\ A\ \sqrt{R_{th}}\ (dP_{8-14}/dT)}\qquad [K]\qquad\qquad(2.34)$$

- Fluctuations du fond :

$$NETD_{BF} = \frac{16\ F^2\ \sqrt{k\ \sigma\ T^5\ (f_h - f_b)}}{\sqrt{\eta\ A}\ (dP_{8-14}/dT)}\qquad [K]\qquad\qquad(2.35)$$

- Bruit 1/f :

$$NETD_{1/f} = \frac{4\ F^2\ \sqrt{K_f}\ \sqrt{\ln(f_h/f_b)}}{\eta\ A\ TCR\ R_{th}\ (dP_{8-14}/dT)}\qquad [K]\qquad\qquad(2.36)$$

2.4.3   Poids des différents bruits sur le NETD

Nous nous proposons maintenant de calculer les valeurs des différents NETD sur un exemple pour comparer leur poids et donner un ordre de grandeur de NETD. Pour cela nous choisissons les paramètres suivants tirés de la revue de Niklaus[4].

- Paramètre Géométrique

pas pixel	$pitch = 25\ \mu m$
Aire pixel	$A = pitch^2$

- Paramètre Électrique

---

[4]Niklaus et al., « Uncooled infrared bolometer arrays operating in a low to medium vacuum atmosphere: performance model and tradeoffs ».

Resistance	$R = 26\ k\Omega$
TCR	$TCR = 2\ \%K^{-1}$
Bruit 1/f	$K_f = 10^{-12}$
Tension	$V = 2$ V
Courant	$I = V/R$
Fréquence haute	$f_h = 30$ Hz
Fréquence basse	$f_b = 10$ mHz

- Paramètre Thermique

Résistance thermique	$R_{th} = 12 \times 10^6\ K/W$
Capacité thermique	$C_{th} = 5 \times 10^{-10}\ J/K$

On trouve un temps de réponse $\tau = 4.R_{th}.C_{th} = 24\ ms$. Remarquons qu'il est compatible avec une fréquence de lecture TV de $f_h = 50 Hz$. Les NETD obtenus sont les suivants : $NETD_J = 0.7\ mK$, $NETD_{BF} = 2.3\ mK$, $NETD_{TF} = 11\ mK$, $NETD_{1/f} = 36\ mK$, et $NETD_{tot} = 38\ mK$

Il apparaît donc dans cet exemple que les bruits dus aux fluctuations des échanges thermiques et radiatifs sont négligeables, bien que ceux ci constituent la limite ultime de la détection non refroidi. Cela est toujours le cas dans les bolomètres commerciaux, qui n'atteignent jamais ces limites fondamentales. Ensuite dans l'exemple choisi la résistance du bolomètre étant très élevée, le bruit de Johnson est très faible. Cette valeur dépendra beaucoup de la résistivité du matériau et du design utilisé. Enfin on voit que c'est le bruit 1/f qui limite la sensibilité, ce qui est généralement le cas. Remarquons que notre détecteur est sensible à un changement ou des écarts de température sur une scène de 38mK (à température ambiante, f/1 , et 30 Hz). Les détecteurs quantiques permettent d'obtenir des $NEDT$ plus faible, de l'ordre de 20mK, et surtout des fréquences beaucoup plus rapide : $> 200 Hz$.

2.5   Etat de l'art

Grâce à leur bonne sensibilité (NETD de 50mK), à leur temps de réponse compatible avec les fréquences TV, à leur circuit de lecture intégré en Silicium, au grand format des matrices réalisées (1024×768), à leur faible coût, et à leur fonctionnement à température ambiante, il est possible d'intégrer facilement ces détecteurs dans des caméras. Nous allons à présent décrire brièvement depuis leur apparition dans les années 80, les différentes technologies mises en œuvre ainsi que les perspectives actuelles en terme de R&D.

2.5.1   Premiers développements aux USA

Si la réalisation de bolomètres mono-pixel est relativement ancienne, les recherches sur des imageurs non refroidis ont commencé dans les années 70-80 aux États-Unis chez Honeywell et Texas Instrument (aujourd'hui commercialisé par Raytheon) sous l'impulsion et le finan-

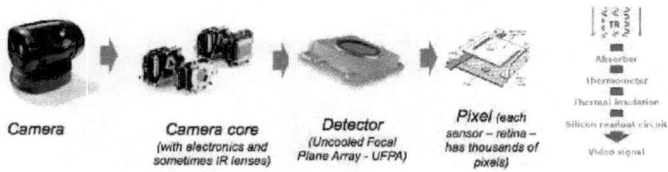

FIGURE 2.5 – De droite à gauche : Principe de la détection, Schéma d'un pixel, Photo du composant intégrant le hublot garantissant le vide en face avant et le circuit de lecture en face arrière, Composant intégré avec son électronique de commande, Caméra

cement de la DARPA. Ces travaux n'ont été déclassifiés qu'au début des années 1990 avec l'apparition de ces systèmes dans les forces armées américaines. Ainsi la première publication reportant la réalisation d'une caméra non-refroidie à base de micro-bolomètres (Wood et al. Honeywell[5]) date de 1992. Dès 1993 Honeywell[6] présente une caméra 340×240 au pas de 50μm et une sensibilité de 50 mK à 30 Hz. Le matériau utilisé pour former la membrane est le nitrure de silicium choisi pour sa faible conductivité thermique et sa solidité, et le matériau utilisé pour le thermistor est l'oxyde de vanadium (VO_x) (sous forme d'une couche mince encapsulée dans le SiN) qui possède une forte TCR (typiquement 2%/K). Plusieurs autres laboratoires ont alors suivi dans le monde sur la base des brevets américains exploitant le VO_x. Certains pays ont choisi d'exploiter les propriétés d'autres matériaux aussi bien pour des raisons de performances que d'indépendance vis à vis des États-Unis.

2.5.2 France et reste du Monde

La France a, dès le dévoilement de leurs travaux par les Américains en 1992, choisi de développer sa propre filière. Le CEA/LETI sous l'égide de la DGA a choisi de développer une technologie basée sur le silicium amorphe (a-Si) formant aussi bien la membrane que le thermistor, ce qui est plus simple à mettre en œuvre du point de vue de la fabrication. En 2000, la société ULIS a été créée pour fabriquer et commercialiser ces plans focaux IR.

Aujourd'hui de nombreuses sociétés réparties[7] dans le monde entier commercialisent des matrices de micro-bolomètres, mais principalement avec les mêmes matériaux que dans les années 90 (SiN/VOx et a-Si), comme on peut le voir sur la figure 2.6, et avec des designs relativement proches.

[5] WOOD et al., « Integrated uncooled infrared detector imaging arrays ».
[6] WOOD, « Uncooled thermal imaging with monolithic silicon focal planes ».
[7] Etude de Yole 2011 (http ://www.yole.fr)

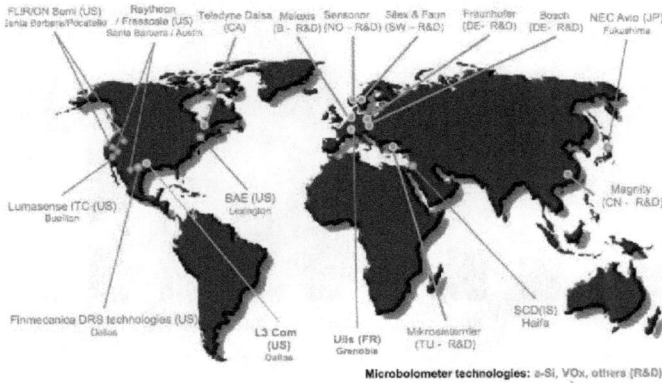

FIGURE 2.6 – Emplacement des sociétés productrices de micro-bolomètre dans le monde avec leur choix de filière VOx/a-Si.

2.5.3   Prévision du marché

La réalisation de matrices grand format de micro-bolomètres à faible coût a donc permis d'ouvrir de nouveaux marchés. Si pendant longtemps la détection infrarouge et la vision nocturne ont été l'apanage des militaires, les marchés industriels (sécurité, contrôle non destructif, thermographie etc ...) et grand public (aide à la conduite de nuit dans l'automobile, et domotique dans l'avenir) font de l'infrarouge non refroidi un secteur en pleine expansion. Le graphique suivant présente les prévisions de croissance du marché mondial établies par Yole[8]. Il apparaît que si les besoins militaires semblent constants, la demande civile augmente de manière exponentielle.

2.5.4   Évolutions technologiques

Depuis les années 90, les efforts en R&D se sont essentiellement focalisés sur la réduction des coûts, une augmentation des formats et une réduction des pas pixels. La complexité des circuits de lecture et leurs fonctionnalités ont également été grandement augmentées.

Le tableau suivant représente l'évolution depuis 1998 des performances de différentes matrices présentées par le CEA/LETI ou par ULIS (elles ne sont donc pas exactement au

---

[8]Etude de Yole 2011 (http ://www.yole.fr)

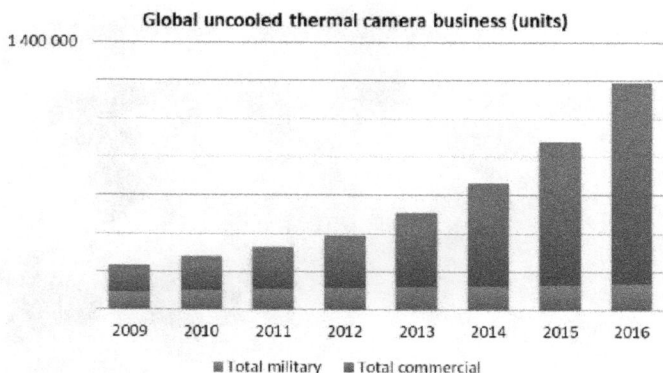

FIGURE 2.7 – Prévision de Yole (2011) sur le volume du marché mondial de caméras micro-bolométriques

même niveau de maturité[9],[10],[11],[12],[13],[14],[15]).

Année	NEDT (mK)	Freq (Hz)	Pas (μm)	R_{th} (10^6K/W)
1998	90	25	50	12
1999	50	100	42.5	15
2000	50	30	45	n.a
2001	180	50	55	14
2001	36	50	35	42
2005	26	50	30	42
2008	45	50	25	55
2009	40	50	17	n.a.
2011	40	50	17	n.a.
Tendance	≈	≈	↘	↗

Il apparaît clairement que les efforts se sont concentrés du point de vue du dispositif sur une réduction du pas pixel. En effet, celle-ci permet d'augmenter la résolution de l'image (à dimension de matrice constante), et de diminuer les coûts (pour des matrices de même nombre de pixels, on fabrique plus de matrices sur le même wafer).

[9]TISSOT et al., « LETI/LIR's amorphous silicon uncooled microbolometer development ».
[10]VEDEL et al., « Amorphous silicon based uncooled microbolometer IRFPA ».
[11]TISSOT et al., « 320 x 240 microbolometer uncooled IRFPA development ».
[12]MOTTIN et al., « Enhanced amorphous silicon technology for 320 x 240 microbolometer arrays with a pitch of 35 μm ».
[13]LEGRAS et al., « Low cost uncooled IRFPA and molded IR lenses for enhanced driver vision ».
[14]TROUILLEAU et al., « High-performance uncooled amorphous silicon TEC less XGA IRFPA with 17um pixel-pitch ».
[15]TISSOT et al., « High-performance uncooled amorphous silicon video graphics array and extended graphics array infrared focal plane arrays with 17-μm pixel pitch ».

Cependant diminuer le pas pixel (toutes choses étant égales par ailleurs) engendre deux effets qui pénalise la sensibilité du détecteur. Premièrement, la diminution de la surface absorbante A et donc du flux récolté engendre une baisse de la réponse ($\Re \propto A$, Cf. Eq. 2.4). Deuxièmement, la diminution de l'aire de la couche du thermistor engendre une augmentation du bruit 1/f, ($I_{1/f} \propto 1/\sqrt{A}$, Cf. Eq. 2.28, et 2.29)

Néanmoins, cette baisse du pas pixel favorise une baisse du temps de réponse $\tau = 4C_{th}R_{th}$ car la masse de la membrane et donc sa capacité thermique C_{th} sont réduites. Cette baisse, peut être exploitée pour augmenter la résistance thermique R_{th} des bras d'isolation thermiques. En effet, celle-ci est maximisé avec pour contrainte d'avoir un temps de réponse τ compatible avec le format TV (50 Hz). Cette augmentation de R_{th} permet alors de compenser en partie la baisse de la sensibilité engendrée par la diminution du flux récolté car la responsivité est proportionnelle à R_{th} (Cf. équation 2.4). C'est pour cela que l'on observe dans le tableau que la résistance thermique des bras a pu être augmentée, permettant de conserver une sensibilité (i.e. NETD) constante avec un temps de réponse compatible TV ($f = 50Hz$).

Cependant, l'augmentation de R_{th} ne permet pas à elle seule d'expliquer le fait que la NETD soit conservée, malgré la baisse du pas pixel. L'amélioration de la qualité du matériau et donc une diminution du bruit 1/f (diminution de α_H, Cf. Eq. 2.28) a également grandement contribué à maintenir les performances en terme de NETD des microbolomètres.

2.6 Limites et Perspectives

2.6.1 Limites de l'approche actuelle

Comme nous l'avons décrit, du point de vue du dispositif la tendance est d'aller vers une réduction du pas. Si des matrices au pas de $17\mu m$ sont déjà commercialisées, celles au pas de $12\mu m$ sont à l'étude. Cela signifie que la taille des pixels devient plus petites que les longueurs d'onde à absorber (i.e 8-14 μm). Il est aujourd'hui impossible avec la structure des absorbants actuels (que nous décrirons précisément plus loin) d'avoir une absorption correcte (notamment en fonction de l'angle) avec des pas aussi petits. Notons qu'il n'y aura pas a priori d'intérêt à chercher à atteindre des pas plus petits car la résolution de l'instrument sera limitée par la diffraction. On voit donc que la "roadmap" technologique suivie depuis 20 ans doit être revue.

2.6.2 Perspectives

Plusieurs ruptures technologiques semblent nécessaires pour continuer à améliorer les performances des micro-bolomètres ou proposer de nouvelles fonctionnalités à isoperformances.

- L'une d'elles consiste à utiliser d'autres matériaux que les oxydes de vanadium et le silicium amorphe comme thermistors afin améliorer la réponse électrique des bolomètres. On recherche un matériau qui ait une forte TCR, un bas niveau de bruit $1/f$, et qui soit compatible avec la technologie silicium (et si possible avec une faible conductivité thermique pour utiliser le même matériau pour le thermistor et l'isolation thermique).

- La seconde est d'améliorer la réponse optique et thermique des bolomètres. Si l'absorption est déjà maximisée dans les bolomètres, et qu'il y a peu à gagner de ce côté là, conserver la même absorption avec des absorbants compatibles avec un pas pixel de $12\mu m$ et dont la surface ne couvrirait pas nécessairement toute celle du pixel constituerait une vraie rupture conceptuelle. En effet, il serait alors possible de continuer à réduire la masse de la membrane (sans dégradation de l'absorption) et donc de diminuer la capacité thermique C_{th} et d'augmenter l'isolation thermique R_{th} permettant ainsi une amélioration de la sensibilité à temps de réponse constant.

- On porte un intérêt grandissant à la détection multispectrale, ou à la signature spectrale des détecteurs. L'absorbant utilisé actuellement dans les bolomètres, i.e. une couche métallique sur une cavité quart d'onde, ne permet pas une signature spectrale fine de la réponse, ni d'avoir des pixels ayant une signature différente. Proposer des absorbants compatibles avec les bolomètres, permettant de signer différemment des pixels serait une vraie percée.

- Enfin la technique de la cavité quart d'onde permet d'avoir une bonne absorption en bande 3 ($\approx 10\mu m$) avec des cavités hautes de $2.5\mu m$. L'utilisation de cette technique paraît difficile pour des applications THz ($\approx 100\mu m$) car il faudrait de très hautes cavités ($\approx 25\mu m$). Proposer des absorbants de faible masse et encombrement dans le THz pourrait permettre d'élargir le champ d'application des bolomètres.

2.6.3 Apports des nanotechnologies

Nous venons donc de proposer trois pistes de recherche pour améliorer les performances des micro-bolomètres. Comme montré en 1.3 les nanotechnologies sont un domaine riche dans lequel on peut puiser de nouveaux matériaux ou structures pour essayer de répondre à ces besoins. Mes travaux de thèse suivent justement cette approche.

- Un premier axe est de proposer un nouveau matériau : "les films de nanotubes de carbone" comme thermistor pour les bolomètres. Ce sera l'objet de la deuxième partie de mon mémoire.

- Un second axe est l'étude de résonateur plasmonique dont on peut "sculpter" la réponse spectrale, et qui ont une grande section efficace d'absorption. La troisième partie de mon manuscrit sera consacrée à cette approche.

Deuxième partie

Propriétés Opto-Electroniques des films de nanotubes de Carbone : Application aux bolomètres IR

3 Du Nanotube au Bolomètre Infrarouge

Sommaire

C e chapitre est consacré à la présentation des nanotubes de carbone, et de leur assemblage sous forme de film. Nous présenterons l'approche que nous avons adoptée, pour caractériser et comprendre les propriétés de ce matériau afin de répondre à la question : Quel est le potentiel des films de nanotubes de carbone pour la détection IR non refroidie ?

3.1 Du Nanotube de Carbone au film de Nanotubes de Carbone

3.1.1 Les Nanotubes de Carbone

Les nanotubes de carbone (CNT pour Carbon NanoTube) ont été découverts par hasard en 1991 par Iijima et al.[1] grâce à des observations au microscope électronique en transmission. Ils peuvent être considérés comme une monocouche cristalline de carbone (graphène) enroulée sur elle-même formant un tube. Leur diamètre est de l'ordre du nanomètre alors que leur longueur est de l'ordre du micron, ce sont donc des objets présentant un fort caractère unidimensionnel. Ils peuvent être mono-parois (SWCNT), ou multi-parois (MWCNT) dans les cas où plusieurs tubes sont insérés les uns dans les autres de façon concentrique. Sauf

---

[1] Iijima et al., « Helical microtubules of graphitic carbon ».

mention explicite, nous parlerons par la suite de nanotubes mono-paroi, car c'est sur les propriétés de ceux-ci que nous avons choisi de limiter ces travaux.

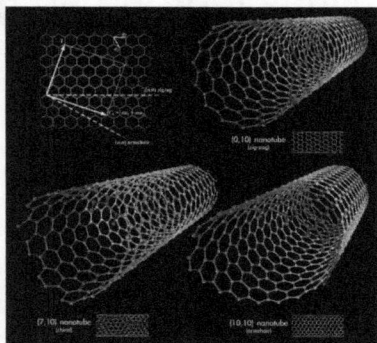

FIGURE 3.1 – Chiralité des nanotubes de carbone

Le confinement des électrons dans ces structures unidimensionnelles, induit dans la densité d'état des nanotubes des singularités dites de Van Hove observées vers 1 eV (Cf. 3.2). De plus la manière dont le ruban de graphène imaginaire s'est enroulé sur lui-même donne une chiralité au nanotube de carbone qui influe sur sa structure de bande et donc sur sa densité d'états. Si le vecteur chiral C_H (Cf. figures 3.1) est tel que $n - m = 3p$, la densité d'états est non nulle au niveau de Fermi et le tube a un caractère métallique. Autrement, le tube sera semi-conducteur. Remarquons qu'un mélange aléatoire de chiralité comportera donc 2/3 de tubes semi-conducteurs et 1/3 de tubes métalliques.

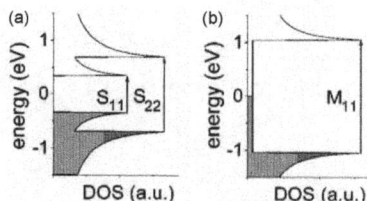

FIGURE 3.2 – (a) Densité d'états d'un tube semi-conducteur. (b) Densité d'états d'un tube métallique.

3.1.2   Synthèse et tri des CNTs

Plusieurs procédés existent pour produire des nanotubes de carbone, qui peuvent se regrouper en deux familles distinctes. La première technique utilise des procédés haute température. Une source solide de carbone est vaporisée à haute température, en présence ou non de catalyseurs métalliques. La source se recondense à l'extérieur de la zone haute température, sous forme de nanostructures carbonées. De la poudre de CNT est récoltée. La seconde méthode de synthèse est un procédé de décomposition catalytique (Chemical Vapor Deposition - CVD) à température moyenne (entre 600°C et 1200°C). Un précurseur carboné gazeux est décomposé en présence de particules métalliques de taille nanométrique préalablement déposées sur un substrat. Les nanotubes de carbone vont croître sur ces nano-billes métalliques pour former un tapis de nanotubes.

Selon les conditions de synthèse ces méthodes créent des nanotubes monoparois (Single-Walled Carbon Nanotube - SWCNT) ou des nanotubes multi-parois (Multi-Walled Carbon Nanotube - MWCNT), et la proportion de nanotubes de carbone métalliques/semi-conducteurs varie.

Les nanotubes utilisés dans le cadre de ma thèse ont tous été achetés à différentes sociétés sous forme de poudre. Je présenterai d'abord les procédés utilisés pour leur synthèse puis leurs caractéristiques géométriques et électriques.

- Tubes HiPco :
HiPco signifie "High Pressure Carbon Monoxide Process". Ces tubes sont obtenus grâce à un flux de monoxyde de carbone. La synthèse s'effectue à des températures de l'ordre de 1000°C et des pressions de 40Atm avec comme catalyseur des nanoparticules de fer. Cette méthode produit un mélange statistique de chiralité.

- Tubes CoMoCat :
Les tubes CoMoCat sont obtenus par décomposition de CO à 800° C et des pressions de quelques atmosphères avec un catalyseur à base de cobalt et de molybdène. Ce procédé permet de produire préférentiellement certaines chiralités. Ainsi les tubes que nous avons utilisés (SG65) contiennent 90% de tubes semi-conducteurs.

- Tubes NanoIntegris :
Les tubes commercialisés par NanoIntegris sont obtenus par une méthode d'arc électrique qui produit une répartition statistique de la chiralité. Néanmoins cette société a mis au point récemment une méthode permettant de trier les tubes en fonction de leur chiralité. Des surfactants chiraux permettent d'alourdir sélectivement les tubes, et une étape d'ultra-centrifugation de les séparer dans un gradient de densité. Il est ainsi possible d'obtenir des solutions avec 90% de tubes triés métalliques ou semi-conducteurs.

Le tableau suivant résume les caractéristiques géométriques et électriques de ces différents tubes obtenues auprès des fabricants.

Type de tubes	Diamètre (nm)	Longueur (μm)	% de métal	% de S.C.
HiPco	0.8-1.2	0.1-1	33%	66 %
CoMoCat (SG 65)	0.8	0.8	10%	90 %
Nano Integris NT	1.2-1.7	1	33%	66 %
Nano Integris SC	1.2-1.7	1	10%	90 %
Nano Integris NT	1.2-1.7	0.5	90%	10 %

3.1.3   Les premiers dispositifs à base de CNT unique

Les nanotubes ne sont pas restés longtemps une curiosité de microscopiste. En effet, ils ont dès leur découverte énormément intéressé la communauté scientifique à cause de leur géométrie singulière (unidimensionnelle), de leur structure de bande originale, et de leurs propriétés physiques remarquables que ce soit de transport électronique (transport balistique[2], conductivité électrique très élevée[3]), de transport thermique (conductivité thermique extrêmement élevée[4]), ou leur propriété mécanique (Module d'Young[5], flexibilité[6]). Avec l'essor de la physique mésoscopique, et les besoins de miniaturisation en électronique, les premières recherches se sont focalisées sur des dispositifs à base de nanotube unique.

Une des premières applications proposées en optoélectronique a été l'usage des nanotubes semi-conducteurs comme canal de transistor à effet de champ. En effet, il ne faudra attendre que sept ans après la première observation des nanotubes par Iijima et al. pour qu'un transistor soit fabriqué à partir de ce nouveau matériau. En 1998, S. Tans et al.[7] et R. Martel[8] et al. publient à quelques mois d'intervalle la mise en œuvre du premier transistor dont le canal est un nanotube de carbone unique.

3.1.4   Les dispositifs à base de films de nanotubes de carbone

Cependant plusieurs difficultés apparaissent dans la mise en œuvre des dispositifs à base de nanotube unique, ce qui compromet gravement leur avenir applicatif.

- D'abord la nature nanométrique de l'objet. Il est souvent disponible (et vendu) sous forme de poudre. Il est encore aujourd'hui difficile de placer précisément les tubes sur l'échantillon et donc d'obtenir une matrice de dispositifs à haute densité surfacique.[9]

- Le fait qu'il soit encore difficile de produire en routine des nanotubes de carbone triés par type (semi-conducteurs, ou métalliques) ajoute une incertitude sur le comportement des dispositifs fabriqués à base de nanotube unique.

- Les dispositifs, quand ils fonctionnent, ont des caractéristiques peu reproductibles à cause de la difficulté des prises de contact électrique.

- Du point de vue de l'optique, il apparaît difficile de faire des détecteurs simples et efficaces avec un objet qui présente une surface aussi petite. En effet, en détection infrarouge on cherche à absorber la totalité des photons incidents sur une matrice ayant un pas de quelques microns à quelques dizaines de microns. En l'absence de phénomène résonant

---

[2]JAVEY et al., « Ballistic carbon nanotube field-effect transistors ».
[3]AVOURIS et al., « Carbon-based electronics ».
[4]BERBER et al., « Unusually high thermal conductivity of carbon nanotubes ».
[5]TREACY et al., « Exceptionally high Young's modulus observed for individual carbon nanotubes ».
[6]FALVO et al., « Bending and buckling of carbon nanotubes under large strain ».
[7]TANS et al., « Room-temperature transistor based on a single carbon nanotube ».
[8]MARTEL et al., « Single- and multi-wall carbon nanotube field-effect transistors ».
[9]Notons qu'il est néanmoins possible par CVD de faire croître des tubes localement. J'ai d'ailleurs travaillé sur ce sujet avec le RDDC

spécifique, ces nano-objets pris individuellement ne sont pas capables de réaliser cela.

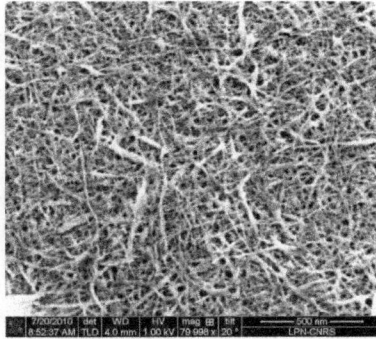

FIGURE 3.3 – Images MEB d'un film de CNT.

Ces limitations ont donc poussé une partie de la communauté à exploiter les propriétés des nanotubes de carbone non pas sous forme d'objet unique, mais sous forme s'assemblage. Par la suite, nous distinguerons deux types d'ensemble : sous forme de réseau (On utilisera la notion de réseau pour un assemblage plan et donc à deux dimensions), ou sous forme de film mince (On utilisera la notion de film pour un assemblage qui présente un caractère d'objet à 3 dimensions). Une image MEB d'un film de CNT est représentée sur la figure 3.3. On soulignera l'analogie d'un point de vue structurel que l'on peut dresser entre ce matériau et les polymères.

Les films de nanotubes de carbone sont donc des assemblées tridimensionnelles désordonnées de nanomatériaux unidimensionnels, qui peuvent être considérés comme des films minces homogènes. Ils sont des candidats prometteurs pour différentes applications optoélectroniques, tels que les électrodes transparentes[10],[11],[12] (grâce à la possibilité de réaliser des films très minces, transparents dans le visible et présentant néanmoins des résistances de couche élevées), les détecteurs de gaz[13] (grâce à la modification par l'adsorption de gaz des contacts Schottky dans des transistors), les détecteurs infrarouges[14],[15],[16],[17] (grâce leur propriétés d'absorption dans l'infrarouge et le térahertz, et à leur transport électronique

---

[10]BLACKBURN et al., « Transparent Conductive Single-Walled Carbon Nanotube Networks with Precisely Tunable Ratios of Semiconducting and Metallic Nanotubes ».

[11]JACKSON et al., « Evaluation of Transparent Carbon Nanotube Networks of Homogeneous Electronic Type ».

[12]NIRMALRAJ et al., « Electrical Connectivity in Single-Walled Carbon Nanotube Networks ».

[13]BONDAVALLI et al., « Highly selective CNTFET based sensors using metal diversification methods ».

[14]KOECHLIN et al., « Potential of carbon nanotubes films for infrared bolometers ».

[15]ITKIS et al., « Bolometric Infrared Photoresponse of Suspended Single-Walled Carbon Nanotube Films ».

[16]LU et al., « Effects of thermal annealing on noise property and temperature coefficient of resistance of single-walled carbon nanotube films ».

[17]LU et al., « A comparative study of 1/ f noise and temperature coefficient of resistance in multiwall and single-wall carbon nanotube bolometers ».

particulier), les capteurs de pression[18] et l'électronique flexible[19] (grâce à la possibilité de réaliser des transistors sur des substrats flexibles), etc... En outre, les dispositifs à base de film de CNT, comparés à ceux à base de tube unique, peuvent être produits en masse, à faible coût[20], et puisqu'ils présentent des propriétés physiques uniformes ont peut espérer que ce soit sans problème inhérents de fiabilité ou de reproductibilité. Néanmoins, la compréhension des propriétés des films de CNT demeure un défi étant donné la grande complexité du matériau. Les caractéristiques intrinsèques des tubes mais également celles liées à leur assemblage contribuent au comportement global.

3.2 Origines de l'intérêt pour les films de nanotubes en bolométrie

La communauté scientifique s'est intéressé au potentiel des films de nanotubes de carbone pour la détection infrarouge suite à deux publications d'Itkis et al. que nous allons présenter :

3.2.1 Absorption IR et THz des films de CNTs

Dans un premier article, Itkis et al.[21] montrèrent que outre leur absorption dans le visible et le proche IR due aux singularités de Van Hove (transitions M_{11}, S_{11}, S_{22} sur la figure 3.2), les films de nanotubes de carbone ont une absorbance ($A = -log(T)$ où T est la transmission normalisée) très forte dans l'infrarouge thermique et dans le THz ($\lambda \simeq 10\mu m$ à $100\mu m$). Les auteurs ont attribué cette absorption à deux effets :

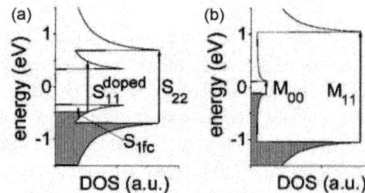

FIGURE 3.4 – (a) Effet du dopage sur la DOS des tubes semi-conducteurs (b) Effet de la courbure sur la DOS des tubes métalliques

- Le premier est un effet intrinsèque aux tubes métalliques (Cf. figure 3.4.b). Un mini-gap dans la densité d'états est engendré par la courbure de la feuille de graphène. Il en résulte une transition M_{00} large bande spectrale dans le THz ($\lambda \approx 100\mu m$).

---

[18]LIPOMI et al., « Skin-like pressure and strain sensors based on transparent elastic films of carbon nanotubes ».

[19]SUN et al., « Flexible high-performance carbon nanotube integrated circuits ».

[20]BONDAVALLI et al., « Highly selective CNTFET based sensors using metal diversification methods ».

[21]ITKIS et al., « Spectroscopic study of the Fermi level electronic structure of single-walled carbon nanotubes ».

- Le second effet est extrinsèque et attribué à un dopage p des films semi-conducteurs dû (entre autres) à l'oxygène ambiant. Il permet des transitions intra-bandes S_{1fc} pour les trous comme représentées sur la figure 3.4.a.

La forte absorption reportée par Itkis et al. dans l'infrarouge et le THz même si elle ne permet pas de réaliser des détecteurs quantiques à base de nanotubes (Les photons absorbés ayant des énergies inférieures au gap ne créent pas de porteurs libres) pourrait néanmoins être exploiter pour réaliser de bons absorbants, notamment pour des bolomètres.

3.2.2 Premier démonstrateur de bolomètre à base de film de CNTs

Itkis et al. furent également les premiers[22] (en 2006) à mettre en évidence un effet bolométrique dans un film de CNT. Si avant eux, d'autres[23],[24],[25] avaient observé un photo-courant dans les films de CNTs, il était de nature quantique et non thermique.

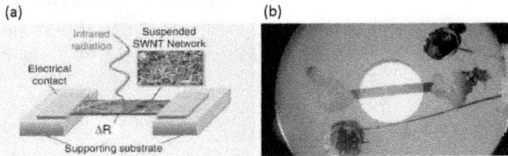

FIGURE 3.5 – (a) Schéma du dispositif d'Itkis et al. Un film de nanotube de 100 nm est suspendu entre deux électrodes espacées de 3,5mm (b) Photo du dispositif.

Leur dispositif, schématisé et en photo sur la figure 3.5, est constitué d'un film de CNT de 100 nm d'épaisseur et de 3,5 mm de long suspendu au dessus d'un ouverture dans un substrat et maintenu par des contacts à la laque d'argent. En l'illuminant à l'aide d'une diode à 940 nm, les auteurs ont pu observer une diminution de la résistance attribuée à un échauffement du film.

Ce travail a eu le mérite de mettre en évidence la nature bolométrique de la réponse observée dans ce film de nanotubes suspendu. Cependant le photo-signal fut observé en refroidissant le détecteur à $50K$, sur un dispositif de taille millimétrique, et dans le proche infrarouge. On est donc loin d'une démonstration de principe d'un détecteur moyen infrarouge micro-bolométrique non refroidi.

Nous avions identifié au paragraphe 2.6.2 qu'une des approches pour améliorer les performances des bolomètres est de proposer un/des nouveau(x) matériau(x) pour la membrane du dispositif. Un des enjeux de ma thèse est de savoir si les films de CNT ont des propriétés opto-électroniques suffisamment intéressantes pour offrir une amélioration par rapport aux

---

[22]ITKIS et al., « Bolometric Infrared Photoresponse of Suspended Single-Walled Carbon Nanotube Films ».
[23]LEVITSKY et al., « Photoconductivity of single-wall carbon nanotubes under continuous-wave near-infrared illumination ».
[24]LIEN et al., « Photocurrent amplification at carbon nanotube–metal contacts ».
[25]FUJIWARA et al., « Photoconductivity of single-wall carbon nanotube films ».

matériaux utilisés actuellement dans les bolomètres.

3.3   Problématique & Approche matériau

Afin de comparer les propriétés des nanotubes de carbone à celles des matériaux utilisés actuellement à savoir le silicium amorphe ($a - Si$) et les oxydes de vanadium (VO_x), il convient de définir des figures de mérite, et d'identifier les propriétés qui sont pertinentes. Nous présenterons ensuite brièvement celles du VO_x et du $a - Si$.

3.3.1   Choix du matériau : Expression des figures de mérite

Nous avons exprimé au paragraphe 2.2.4 la réponse d'un détecteur, et en 2.4.2 sa sensibilité (NETD). Cependant ces formules dépendent de la géométrie choisie pour le détecteur et de paramètres extérieurs (tension appliquée, fréquence de lecture etc...) Nous allons ré-exprimer ici ces formules en ne gardant que les grandeurs propres aux matériaux pour avoir des figures de mérite permettant de les comparer.

- La réponse peut s'écrire :

$$\Re \propto \frac{TCR}{\rho\,\lambda_{th}} \tag{3.1}$$

- Les rapports signal à bruit (SNR) dans les cas des bruits de Johnson et $1/f$:

$$SNR_J \propto \frac{TCR}{\sqrt{\rho}\,\lambda_{th}} \qquad SNR_{1/f} \propto \frac{TCR}{\sqrt{K_f}\,\lambda_{th}} \tag{3.2}$$

Dans ces formules K_f et ρ désignent la TCR, la constante de Hooge et la résistivité du thermistor, et λ_{th} la conductivité thermique du/des matériau(x) constituant les bras d'isolation thermique. Nous n'avons pas pris en compte l'absorption car elle dépend beaucoup de l'environnement extérieur (cavité quart d'onde) et sa valeur est déjà proche de 100%. La comparaison du potentiel de matériaux pour servir de thermistor dans des micro-bolomètres passe donc par l'analyse de ρ, TCR, K_f et λ_{th}.

3.3.2   Matériaux utilisés actuellement dans les bolomètres

Les matériaux utilisés actuellement en bolométrie comme thermistor sont le silicium amorphe et les oxydes de vanadium.

- Dans le premier cas, la membrane est formée d'une centaine de nanomètres de silicium amorphe recouverts d'une fine couche de métal (qui permet une absorption quasi-totale grâce à la cavité quart d'onde). Le a-Si joue donc le rôle d'isolateur thermique grâce à sa faible conductivité thermique, et de thermistor grâce à sa forte TCR ($\approx -2\% K^{-1}$) et son faible niveau de bruit $1/f$.

- Dans le cas du VO_x, la membrane est formée d'un empilement $SiN/VO_x/SiN$ recouvert du même type d'absorbeur que pour le a-Si. Le SiN assure la rigidité mécanique et l'isolation thermique (grâce à sa faible conductivité thermique). La forte TCR (aussi de l'ordre de $\approx 2\%K^{-1}$) et le très faible niveau de bruit $1/f$ du VO_x (déposé en couche bien plus mince que le SiN) lui permettent d'assurer le rôle de thermistor.

Un matériau ayant une plus forte TCR, ou des niveaux de bruit $1/f$ plus faibles (i.e K_f petit) que le $a - Si$ et le VO_x serait donc un bon candidat pour réaliser des bolomètres. Si il est également un absorbant dans l'IR et/ou un bon (voire meilleur) isolateur thermique (i.e λ_{th} petit), le dispositif pourrait être fait en une seule couche, ce qui serait un véritable atout technologique. Il doit dans ce cas avoir une rigidité suffisante pour former une membrane, et une forte maturité technologique pour permettre la réalisation de plans focaux homogènes.

3.3.3 Approche de cette étude sur le potentiel des films de CNTs

Une étude des propriétés optiques des films de CNTs dans l'IR et le THz est indispensable pour en faire des absorbants dans les bolomètres éventuellement insérés au sein d'une cavité quart d'onde. Ce sera l'objet de mon chapitre 4.

Afin de mesurer les propriétés de transport et de bruit électroniques des films de CNTs, il est important de se doter en salle blanche d'un technologie capable de fabriquer des dispositifs de bonne qualité. Ce sera le sujet de mon chapitre 5.

La mesure et la modélisation du transport électronique dans les films de CNT seront l'objet de mon chapitre 6 et permettront notamment de déterminer leur TCR.

Mon chapitre 7 sera quant à lui consacré à la mesure du niveau de bruit dans les films de CNT qui sera alors décrit via K_f.

Enfin le chapitre 8 résumera en terme de figure de mérite le potentiel des nanotubes de carbone pour la détection IR.

4 Propriétés Optiques des Films de nanotubes de Carbone

Sommaire

D ans ce chapitre, nous allons nous intéresser aux propriétés optiques des films de nanotubes de carbone, dans l'infrarouge et le THz, non pas d'un point de vue fondamental (la littérature est déjà très riche sur ce sujet) mais d'un point de vue appliqué. Notre objectif est la détermination de l'indice optique complexe des films de CNT, qui est nécessaire à la conception de dispositifs optoélectroniques. Ces résultats ont été obtenus en collaboration avec Sylvain Maine (post doctorant) et Stéphanie Rennesson (stagiaire de M2 dont j'ai encadré le travail) et ont été publiés dans Applied Optics[1].

4.1 Introduction et état de l'art

4.1.1 Motivation

Les propriétés électro-optiques uniques des films de SWCNT rendent ce matériau particulièrement intéressant pour la conception de dispositifs optoélectroniques : électrodes transpa-

---

[1] MAINE et al., « Complex optical index of single wall carbon nanotube films from the near-IR to THz spectral range ».

rentes[23], absorbants saturables[4], milieu à gain optique[5], couche anti-reflet[678], et évidemment bolomètres.

Afin de concevoir et d'optimiser de tels dispositifs à base de film de SWCNT, il est nécessaire de connaître leurs propriétés optiques, et plus précisément leur indice de réfraction complexe $\tilde{n} = n + i.\kappa$, notamment dans l'infrarouge et dans le THz pour l'application qui nous intéresse : les bolomètres. Ce paramètre ne peut s'obtenir que de façon expérimentale, et n'a jamais fait l'objet d'étude reportée dans la littérature. Nous nous sommes donc proposés de le déterminer.

La méthode la plus classique pour obtenir l'indice complexe est l'ellipsométrie, mais celle-ci ne permet pas d'atteindre des longueurs d'onde au-delà de 20 μm et est difficile à mettre en œuvre dans l'infrarouge. Une autre méthode consiste à mesurer des couples de paramètres : spectres de transmission et de réflexion grâce à un spectromètre FTIR (Fourier Transform InfraRed spectrometer) pour le visible et l'IR (600nm, 100μm), et amplitude et phase de transmission grâce à la TDS (Time Domain Spectroscopy) pour le THz. L'indice complexe $\tilde{n}$ est ensuite extrait de ces mesures via un fit. C'est cette dernière méthode que nous avons choisie, et que nous décrirons plus loin.

4.1.2   Etat de l'art

Des mesures FTIR de films de nanotubes de carbone ont déjà été publiées. Néanmoins il s'agissait d'études fondamentales des propriétés des SWCNTs, et ces publications comportaient soit uniquement des spectres de l'intensité réfléchie R[9],[10], soit de l'intensité transmise T[11],[12]. Or cette information seule n'est pas suffisante pour remonter à l'indice complexe $\tilde{n}$. Nous avons donc choisi d'effectuer des mesures couplées de transmission et de réflexion au FTIR, ce qui nous permet à priori de résoudre le problème dans la gamme 600nm-100μm.

La TDS nous permet d'obtenir l'amplitude t et la phase φ de la transmission à partir desquelles $\tilde{n}$ peut être calculé. Grâce à cette technique, le domaine des grandes longueurs peut être étudié, jusqu'à plusieurs millimètres. La limite basse est généralement de l'ordre de 100 μm.

[2]JACKSON et al., « Specific contact resistance at metal/carbon nanotube interfaces ».

[3]HU et al., « Infrared transparent carbon nanotube thin films ».

[4]WANG et al., « Wideband-tuneable, nanotube mode-locked, fibre laser ».

[5]GAUFRES et al., « Optical gain in carbon nanotubes ».

[6]YANG et al., « Experimental observation of an extremely dark material made by a low-density nanotube array ».

[7]WANG et al., « Highly specular carbon nanotube absorbers ».

[8]SHI et al., « Low density carbon nanotube forest as an index-matched and near perfect absorption coating ».

[9]RUZICKA et al., « Optical and dc conductivity study of potassium-doped single-walled carbon nanotube films ».

[10]UGAWA et al., « Far-infrared to visible optical conductivity of single-wall carbon nanotubes ».

[11]PEKKER et al., « Wide-range optical studies on various single-walled carbon nanotubes: Origin of the low-energy gap ».

[12]BORONDICS et al., « Charge dynamics in transparent single-walled carbon nanotube films from optical transmission measurements ».

Quelle que soit la méthode utilisée, les expériences reportées dans la littérature ne portent pas sur des films de nanotubes « isolés ». Ces derniers sont généralement déposés sur des substrats ou incorporés dans un matériau hôte, ce qui nécessite, lors de l'extraction de l'indice complexe, des modélisations supplémentaires pour s'affranchir de l'influence de l'environnement, qui nuisent à la précision de la mesure.

Nous avons donc choisi pour cette étude d'effectuer nos mesures sur des films de nanotubes suspendus et de combiner des mesures de FTIR (de l'intensité réfléchie R et transmise T), et de TDS (de l'amplitude transmission t et de sa phase φ). Ainsi, nous disposons de toute l'information nécessaire pour extraire précisément l'indice complexe $\tilde{n}$ sur une grande plage de longueurs d'onde (de 600 nm à 800 μm).

4.2   Mesure de la réflexion et de la transmission IR et THz

4.2.1   Echantillons suspendus

Nous avons développé un procédé permettant d'obtenir des échantillons de films suspendus grands devants la taille de notre faisceau. Nous utilisons, pour ce faire, la méthode de filtration qui sera décrite en détail aura paragraphe 5.1.1. Brièvement, des CNT monoparois (source commerciale HiPco, non triés) sont dispersés et filtrés sous vide, à travers des filtres de nitrocellulose. Afin d'obtenir un échantillon suspendu, le film de SWCNT est reporté sur une plaquette de silicium recouverte de 200 nm d'or et qui présente une ouverture carrée de 5 mm de coté en son centre (voir figure 4.1).

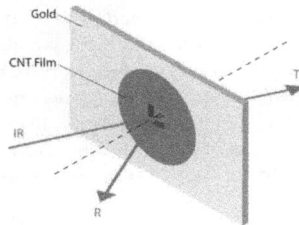

FIGURE 4.1 – Schéma de l'échantillon : le film de SWCNT est déposé sur une ouverture carrée de 5 × 5 mm^2 dans un substrat de silicium recouvert d'or.

La taille de l'ouverture a été choisie de manière à être plus grande que celle du spot optique. La réflexion et la transmission du film CNT peuvent être alors mesurées, sans qu'aucun substrat dont il faudra s'affranchir dans l'exploitation des données ne viennent compliquer la mesure. L'épaisseur du film a été évaluée par des mesures d'AFM et de profilométrie optique (après avoir couvert un morceau de l'échantillon avec une couche réfléchissante de 100 nm d'or). L'épaisseur moyenne de l'échantillon caractérisé est d'environ 920 nm et sa rugosité (rms) de l'ordre de 165 nm.

4.2.2   Mesure FTIR de la réflexion et de la transmission IR

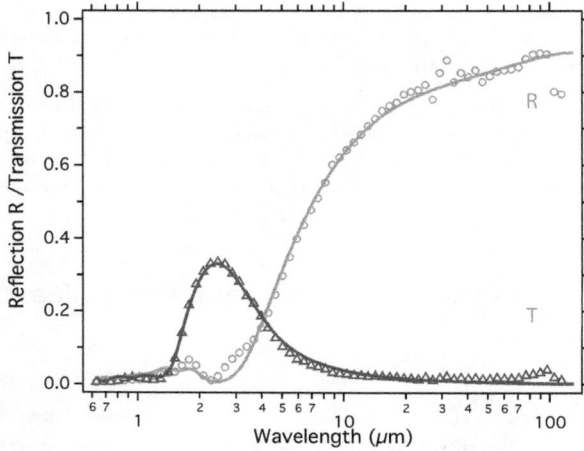

FIGURE 4.2 – Réflexion R (cercles verts) et transmission T (triangles bleus) d'un film de nanotubes de carbone mono paroi à un angle d'incidence de 13°. Les lignes continues représentent les valeurs calculées à partir du fit basé sur une permittivité décrite par un modèle de Drude-Lorentz

Nous avons utilisé un spectromètre FTIR de modèle Brucker 80v Vertex pour caractériser notre échantillon. La transmission T et la réflexion R ont été mesurées sous vide (10^{-3} mbar) avec un angle d'incidence de 13° qui est la valeur minimale que peut atteindre l'appareil en réflexion. Afin de couvrir toute la gamme comprise entre 0,6 et 100 μm, deux ensembles de sources lumineuses, de séparateurs de faisceau et de détecteurs ont été nécessaires : un premier pour la gamme 0,6 à 25 μm et un deuxième de 20 à 100 μm. Le chevauchement entre les gammes de mesure [20-25μm] permet de vérifier la très bonne continuité des mesures, de sorte qu'aucune correction n'a été nécessaire. Les spectres mesurés sont présentés en figure 4.2.

4.2.3   Mesure TDS de la transmission THz

Pour effectuer les mesures de l'amplitude et de la phase transmises dans le domaine THz, nous avons fait appel à la société ALPhANOV qui a développé un banc de mesure TDS. Ce banc (représenté dans la figure 4.3) utilise une technique de commutation photoconductrice pour mesurer l'amplitude et la phase du coefficient de transmission en incidence normale. Ces mesures se sont limitées au domaine compris entre 150 et 800 μm. L'émetteur et le détecteur THz se composent d'antennes microrubans intégrées dans un photoconducteur GaAs. Les antennes sont pilotées de manière optoélectronique par des impulsions de 140 fs

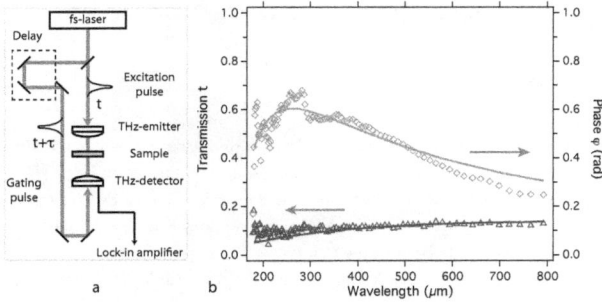

FIGURE 4.3 – (a) Schéma du banc de spectroscopie TDS pour la mesure de la transmission THz. L'émetteur et le détecteur THz (antenne photoconducteur) sont excités par des impulsions laser de 140fs centré à 800 nm (voir texte pour plus de détails). (b) Phase (losanges verts) et amplitude (triangles bleus) de la transmission d'un film de SWCNT (épaisseur de 920 nm). Les lignes continues représentent les valeurs calculées obtenues à partir de l'ajustement de la permittivité avec un modèle de Drude-Lorentz.

obtenues grâce à un laser Titane : Saphire. Deux lentilles en silicium de focales 50 mm sont utilisées pour concentrer le faisceau laser sur les antennes. La génération THz est modulée et détectée à une fréquence de 2 kHz. Les spectres obtenus sont représentés sur la figure 4.3.

4.2.4 Résultats et Discussion

La forme du spectre de transmission est en bon accord avec les résultats publiés précédemment sur des tubes HiPco[13] et sur des tubes obtenus par ablation laser[14]. La transmission présente un maximum autour de 2,5 μm et le film devient presque opaque pour des longueurs d'onde supérieures à 8 μm. La réflexion, quant à elle, est similaire à celle observée par Ruzicka et al.[15] et Ugawa et al.[16]. Elle est élevée pour les grandes longueurs supérieures à 10 μm. Des pics liés aux transitions interbandes sont également observés entre 0,6 et 2 μm.

---

[13] PEKKER et al., « Wide-range optical studies on various single-walled carbon nanotubes: Origin of the low-energy gap ».
[14] BORONDICS et al., « Charge dynamics in transparent single-walled carbon nanotube films from optical transmission measurements ».
[15] RUZICKA et al., « Optical and dc conductivity study of potassium-doped single-walled carbon nanotube films ».
[16] UGAWA et al., « Far-infrared to visible optical conductivity of single-wall carbon nanotubes ».

4.3   Obtention de l'indice optique complexe

4.3.1   Méthode

Nous avons donc des mesures couvrant une large gamme de longueurs d'onde (de 0,6 à 800 μm). A partir de ces deux séries de mesures de couples de paramètres (R et T via le FTIR et t et φ via la TDS), nous nous proposons d'extraire l'indice de réfraction complexe des films de nanotubes de carbone. Pour ce faire, nous allons fitter les couples (R, T), et (t, φ) expérimentaux à l'aide de ceux obtenus à partir d'une permittivité diélectrique décrite par une somme de fonctions de Drude-Lorentz que l'on cherche à déterminer.

Le film suspendu de CNT est considéré comme une couche homogène d'épaisseur d et de permittivité complexe $\tilde{\epsilon} = \tilde{n}^2 = (n + i.\kappa)^2$. Sa rugosité rms étant de 165 nm, la diffusion optique peut être négligée dans le domaine IR-THz. Les expressions des amplitudes de transmission et de réflexion d'un film de CNT d'épaisseur d sont alors données par :

$$\tilde{t}(\lambda, \tilde{n}(\lambda), d, \theta) = \frac{t_{12}t_{21}e^{jkd^*}}{1 - r_{12}^2 e^{j2\tilde{k}d^*}} \qquad \text{et} \qquad \tilde{r}(\lambda, \tilde{n}(\lambda), d, \theta) = \frac{r_{12}(1 - e^{2jkd^*})}{1 - r_{12}^2 e^{j2\tilde{k}d^*}} \qquad (4.1)$$

où $\tilde{k} = 2\pi\tilde{n}/\lambda$ est la norme du vecteur d'onde, $d^* = d.\cos(\arcsin(\sin(\theta)/\tilde{n}))$ est la longueur du chemin optique dans le film de CNT, et θ est l'angle d'incidence. Le paramètre t_{ij} (respectivement r_{ij}) est le coefficient de transmission de Fresnel (resp. de réflexion) d'un milieu i vers un milieu j (dans notre cas 1 est le vide et 2 est le film de CNT). Ils dépendent de l'angle d'incidence θ et de l'indice $\tilde{n}(\lambda)$.

Les équations 4.1, permettent de retrouver l'expression des grandeurs mesurées : $T = |\tilde{t}|^2$ et $R = |\tilde{r}|^2$ pour les mesures FTIR, et $t = |\tilde{t}|$ et $\varphi = \arg(\tilde{t})$ pour les mesures TDS. Pour la phase φ, une correction est appliquée aux mesures pour prendre en compte une couche d'air de la même épaisseur d que le film CNT ($d = d^*$ à incidence normale). Les quatre variables mesurées R, T, t, et φ dépendent de λ, $\tilde{n}(\lambda)$, d et θ. L'angle d'incidence est de 13° pour les mesures FTIR et 0° pour la TDS, l'épaisseur d du film est 920 nm (valeur moyenne mesurée). Le seul paramètre inconnu est donc $\tilde{n}(\lambda)$, (ou $\tilde{\epsilon}(\lambda)$) qui est obtenu en fittant les courbes expérimentales.

Plutôt que de chercher pour chacune des longueurs d'ondes, une valeur de la fonction diélectrique qui soit capable de décrire les variables mesurées, nous avons préféré modélisé cette dernière, par un modèle d'oscillateurs de Drude-Lorentz et effectué le fit en faisant varier les paramètres de ce dernier. La fonction diélectrique $\tilde{\epsilon}$ est modélisée comme suit :

$$\tilde{\epsilon}(\omega) = \epsilon_\infty - \frac{\omega_p^2}{\omega(\omega + j\Gamma)} + \sum_i \frac{\omega_{pi}^2}{\omega_{0i}^2 - \omega^2 - j\Gamma_i\omega} \qquad (4.2)$$

où ω est la fréquence angulaire, ϵ_∞ la constante diélectrique à haute fréquence, ω_p et

ω_p sont respectivement la fréquence plasma et la constante d'amortissement de l'oscillateur de Drude. Le paramètre ω_{pi} est la force de l'oscillateur, ω_{0i} est la fréquence centrale et Γ_i l'amortissement de chaque oscillateur de Lorentz.

4.3.2 Résultats et Discussion

Afin d'opérer le fit, les valeurs initiales de ces paramètres d'ajustement sont prises à partir de la référence[17] et les résultats obtenus sont répertoriés dans le tableau suivant :

TABLE 4.1 – Paramètre de Drude Lorentz obtenu par fit en cm^{-1}. La constante diélectrique à hautre fréquence est ϵ_∞ is 1.37.

Oscillator	ω_p	Γ	ω_0
Drude	2292	287	-
Lorentz 1	3126	3088	3
Lorentz 2	1611	45	64
Lorentz 3	3650	2693	7429
Lorentz 4	6109	6830	10810
Lorentz 5	4244	3484	14715

Les valeurs de R, T, t, et φ calculées à partir des paramètres du tableau 4.1 sont représentées par les lignes continues sur les figures 4.2 et 4.3. On peut voir qu'elles sont en bon accord avec les mesures FTIR et TDS. Un léger écart est toutefois observé dans la phase de la transmission pour des longueurs d'onde supérieures à 600 μm. Notons que nous ne disposons pas de mesure dans la gamme 120 μm -200 μm. La validité du modèle dans cette gamme n'est donc pas certifiée. Si le fit n'est pas parfait sur toute la gamme spectrale, il donne néanmoins des résultats utiles sur le comportement des films CNT dans un large domaine spectral.

Aux hautes fréquences, les transitions entre les singularités de Van Hove sont décrites par trois lorentziennes. Aux basses fréquences, la fonction diélectrique est décrite par un modèle de Drude des porteurs libres (associés aux tubes métalliques), et par deux lorentziennes. En effet, des bandes d'absorption autour de 100 μm sont couramment observés dans les films de CNT[18][19][20]. Slepyan et al.[21] ont attribué ce pic à la combinaison de deux effets : (i) la modification de la structures de bande induite par la courbure des la surface des SWCNT, et (ii) un effet de dépolarisation axiale due à la longueur finie des SWCNTs métalliques.

L'indice optique complexe $\tilde{n}(\lambda)$ est représentée sur la figure 4.4. En dessous de 10 μm

---

[17]BORONDICS et al., « Charge dynamics in transparent single-walled carbon nanotube films from optical transmission measurements ».

[18]RUZICKA et al., « Optical and dc conductivity study of potassium-doped single-walled carbon nanotube films ».

[19]UGAWA et al., « Far-infrared to visible optical conductivity of single-wall carbon nanotubes ».

[20]BORONDICS et al., « Charge dynamics in transparent single-walled carbon nanotube films from optical transmission measurements ».

[21]SLEPYAN et al., « Terahertz conductivity peak in composite materials containing carbon nanotubes: Theory and interpretation of experiment ».

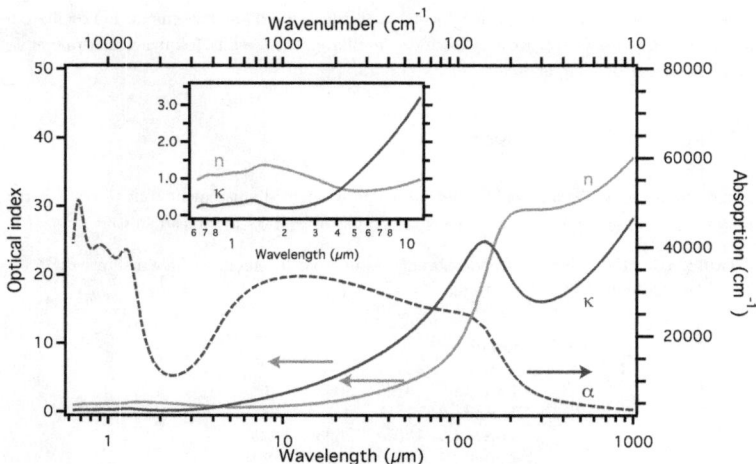

FIGURE 4.4 – Spectres de la partie réelle (ligne verte) et imaginaire (ligne bleue) de l'indice optique d'un film de SWCNT ainsi que du coeffcient d'absorption $(4\pi k/\lambda)$ d'un film de SWCNT (ligne rouge pointillée)

(voir encart de la figure 4.4) la partie réelle de l'indice optique n est proche de 1, tandis que la partie imaginaire κ augmente avec la longueur d'onde. Dans le moyen et le lointain infrarouge, entre 4 et 150 μm, le film de CNT présente plutôt un comportement de type métallique : la partie réelle n étant inférieure à la partie imaginaire κ. Au delà, dans le domaine THz, n et κ augmentent jusqu'à des valeurs comprises entre 25 et 35. De telles valeurs ont déjà été rapportées dans des films de nanotubes de carbone à double paroi[22].

La Figure 4.4 présente également le coefficient d'absorption $\alpha = 4\pi\kappa/\lambda$ du film de CNT. Dans le proche et le lointain infrarouge, l'absorption est importante. Mais le spectre d'absorption montre une fenêtre de transparence dans le moyen infrarouge (entre 1,5 et 5 μm). Par exemple à $\lambda=2$ μm, un film de 200 nm d'épaisseur présente une transmission de 80%. Les films de CNTs sont en effet étudiés pour la conception d'électrodes transparentes dans le visible, mais d'après nos résultats, il pourrait être également prometteur de les utiliser dans la gamme de l'infrarouge thermique.

---

[22]KUMAR et al., « Terahertz Time Domain Spectroscopy to Detect Low-Frequency Vibrations of Double-Walled Carbon Nanotubes ».

4.4   Dimensionnement d'un absorbant total en bande 3 à base de film de CNT

Afin de réaliser un absorbant aussi parfait que possible dans la bande d'intérêt (8-12μm), il est nécessaire d'utiliser une cavité quart d'onde. En effet, si la partie réelle de l'indice des films de nanotubes est légèrement inférieure à 1, leur partie imaginaire passe de 2 à 3 (Cf. encart figure 4.4). Les pertes de Fresnel sur les faces d'entrée du film nuiront à l'absorption globale.

La figure 4.5 représente le spectre d'absorption d'un film de CNT d'épaisseur $d = 260$ nm, suspendu à une hauteur $h = 3,3$ μm d'un miroir formant une cavité quart d'onde. Les paramètres (d et h) ont été optimisés afin de maximiser l'absorption qui atteint ainsi des valeurs proche de 100%.

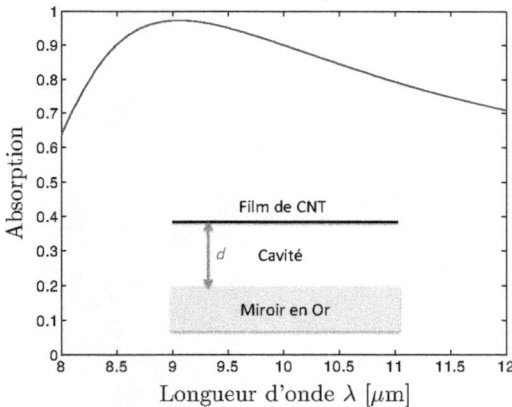

FIGURE 4.5 – Spectre d'absorption d'un film de CNT d'epaisseur 260 nm inséré dans une cavité de hauteur $d = 3.3\mu$m

On voit ainsi que grâce à la connaissance de l'indice optique complexe des films de nanotubes, il est possible de dimensionner un absorbant efficace utilisable dans des bolomètres. Si le potentiel des films de CNT comme thermistor se confirme, ce matériau pourra combiner les rôles d'absorbants et de thermistor dans une structure innovante de bolomètre. Notons néanmoins que cet absorbant pris seul, ne présente pas d'avantages d'un point de vue de la réponse optique par rapport à ceux utilisés classiquement, faits d'une fine couche de métal.

4.5   Conclusion

Nous avons donc présenté des mesures FTIR de la transmission et de la réflexion infrarouge, ainsi que des mesures TDS de la transmission et de sa phase THz sur un film de nanotubes. Celles-ci nous ont permis, grâce à un fit basé sur un modèle d'oscillateurs de Drude Lorentz, de déterminer l'indice optique complexe des films de nanotubes de carbone dans la gamme spectrale 0,6 - 800 μm. La connaissance de ce dernier est essentielle pour la réalisation de dispositifs optoélectroniques utilisant des films de CNTs, comme par exemple des absorbants dans le cas d'une utilisation en bolométrie.

Chapitre

5

Développement technologique

Sommaire

D ans ce chapitre, je présente les développements technologiques que j'ai menés dans la salle blanche du LPN pour fabriquer les dispositifs à base de nanotubes de carbone de cette thèse. Nous aborderons les procédés de fabrication mis en œuvre (en interne ou au travers de collaboration), les différentes technologies développées ainsi que la caractérisation de la qualité (dispersion et reproductibilité des caractéristiques) des échantillons obtenus. Une grande partie de ce travail a été réalisée avec l'aide des deux stagiaires de M2, Stéphanie Rennesson et Florian Andrianiazy et grâce au savoir faire de Christophe Dupuis et d'Isabelle Sagnes (respectivement ingénieur d'étude et directeur de recherche au LPN/CNRS). Ces résultats ont été publiés dans APL[1], et dans un proceeding SPIE[2].

---

[1] KOECHLIN et al., « Electrical characterization of devices based on carbon nanotube films ».

[2] KOECHLIN et al., « Potential of carbon nanotubes films for infrared bolometers ».

5.1   Développement de briques technologiques

5.1.1   Obtention de couches minces de CNT par filtration sous vide

Il existe différents procédés de fabrication des films de nanotubes de carbone, c'est-à-dire l'obtention d'une couche mince de nanotubes déposée sur un substrat. Dans la plupart d'entre eux, les tubes sont d'abord dispersés dans une solution. Cette solution peut alors, par exemple, être déposée sur le substrat hôte sous forme d'une goutte, par spin-coating ou par spray. L'évaporation du solvant permet d'obtenir le film. Les techniques de la goutte et du spin-coating sont aisées à mettre en œuvre, mais les films obtenus sont rarement de bonne qualité, car lors du séchage la goutte se rétracte et le film obtenu n'a pas une densité uniforme (effet tache de café). Déposer un film par spray est par contre moins aisé à mettre en œuvre mais offre un meilleur contrôle de l'uniformité et des épaisseurs, notamment quand ces dernières sont faibles (i.e. $< 100nm$). Cette technique sera décrite en détail dans la partie 5.4.1. En effet, j'ai à titre de comparaison mesuré les propriétés électriques de films très minces de CNT obtenu par spray dans le cadre d'une collaboration avec Thalès R&T.

La méthode que nous avons principalement utilisée lors de ma thèse est radicalement différente et a été développée par Wu et al.[3]. Elle consiste (Voir figure 5.1) à disperser les nanotubes en solution aqueuse, puis à filtrer cette solution. Les nanotubes se déposent alors sur le filtre sous la forme d'un film. Ce dernier est ensuite reporté sur un substrat hôte par dissolution du filtre dans l'acétone. L'adhésion du film au substrat est suffisamment forte pour assurer son maintien.

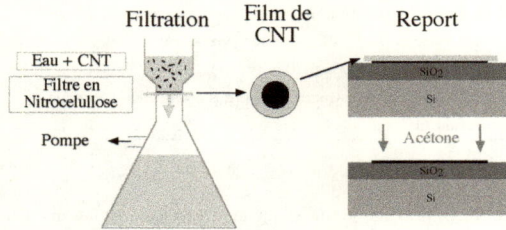

FIGURE 5.1 – Gauche : Procédé de filtration des nanotubes dispersés dans l'eau à travers un filtre en nitrocelullose menant à la formation du film de CNT. Droite : Procédé de report du film de CNT par dissolution à l'acétone du filtre.

Pour ce faire, il convient d'abord d'obtenir une solution aqueuse où les tubes sont correctement dispersés à partir de poudres obtenues commercialement. Ces dernières sont dispersées à des concentrations proches de 1 mg/mL dans de l'eau à l'aide d'un surfactant (cholate de sodium) pour obtenir un liquide noir. On a ensuite recours aux ultrasons pour d'une part séparer les faisceaux de nanotubes (bundles) et d'autre part casser le lien entre les nanotubes

[3]Wu et al., « Transparent, conductive carbon nanotube films ».

et les nanoparticules de catalyseur auxquelles ils sont attachés. Une étape de centrifugation (15 minutes à une accélération de 15 kG) permet enfin de séparer les nanotubes des particules, ces dernières étant plus denses. On prélève alors un faible volume (quelques centaines de microlitres) de cette solution que l'on dilue dans 200 mL d'eau pour obtenir une solution complètement transparente. Le volume de solution prélevée permet d'ajuster la quantité de tubes formant le film et donc son épaisseur.

On effectue ensuite une filtration sous vide, à l'aide d'un film MILIPORE (mélange de nitrate et d'acétate de cellulose) de 25 mm de diamètre, et présentant des pores de 0.45 μm ou de 0.1 μm de diamètre. La gravité ne suffisant pas à assurer un flux suffisant, le vase est pompé sous le filtre. Au début la solution a tendance à passer à travers le film facilement, puis à un certain seuil, les CNT commencent à se déposer sur le film et tendent à empêcher le reste de la solution de passer. On obtient ainsi un film de CNT d'épaisseur très homogène sur le filtre. En effet, si à un certain point du film l'épaisseur est plus faible, le flux aura tendance à y passer préférentiellement et les CNT viendront s'y déposer. Ce mécanisme a donc tendance à homogénéiser la densité surfacique sur le film puisque les tubes se déposent préférentiellement sur les zones de faible densité. La solution est filtrée deux fois pour que les CNT, qui au début de l'expérience sont passés à travers le filtre, soient déposés sur celui-ci. On améliore ainsi le contrôle de l'épaisseur du film réalisé. On rince ensuite à l'eau pour retirer le surfactant utilisé. On obtient ainsi un film de CNT d'épaisseur relativement contrôlée sur le filtre.

Enfin, il faut reporter le film sur un substrat et retirer le filtre. Pour cela, on dépose le filtre et son filtrat sur le substrat. Un rinçage à l'acétone permet de dissoudre le filtre, et de laisser le film en place sur le substrat. Cette étape est extrêmement délicate à réaliser car le film a tendance à se décoller et à se déchirer, et il est difficile de retirer les résidus de filtre. En pratique, on utilise cette technique pour fabriquer des films d'une épaisseur supérieure à 100 nm.

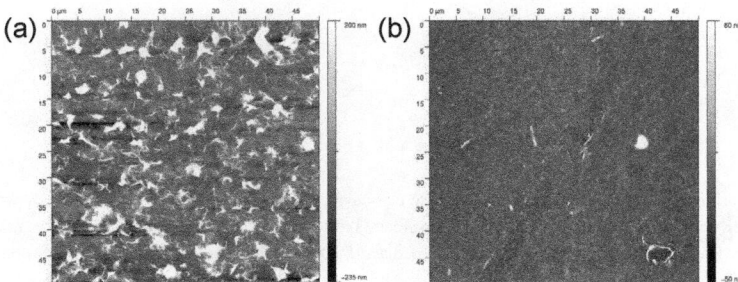

FIGURE 5.2 – Images AFM de films de CNT obtenus grâce à des filtres ayant des pores de 0.45μm (a) et de 0.1μm (b). Les rugosité rms sont respectivement 160 nm et 14nm

Avec cette technique, nous pouvons donc obtenir des films d'épaisseur relativement contrôlée (100 nm à plusieurs μm). Des images AFM effectuées sur des films obtenus avec des filtres ayant des pores de 0.45 μm (gauche) et 0.1 μm (droite) sont montrées sur la figure 5.2. La rugosité rms est dans le premier cas de l'ordre de 160 nm et dans le second de 14 nm pour des films de 500 nm d'épaisseur. Toutefois, si les filtres de 0.1 μm donnent des rugosités plus faible, le temps de passage de la solution est considérablement plus long, ce qui rend l'utilisation de ces filtres pratiquement impossible à mettre en œuvre pour des films de plus de 100 nm d'épaisseur.

5.1.2 Gravure sèche du film de CNT

Afin de réaliser des dispositifs à base de films de CNT, il faut être capable de graver le film pour individualiser les dispositifs. Les CNT étant un matériau carboné, nous avons opté pour une gravure sèche RIE[4] à base d'un plasma oxygéné. Cette méthode s'est avérée efficace mais relativement lente (comparée à la gravure d'une épaisseur équivalente de résine) à cause de la grande résistance chimique des CNT. Afin de définir les motifs, il est nécessaire d'effectuer une étape de lithographie. Il n'a pas été possible de se servir de la résine comme masque de gravure car celle-ci est attaquée beaucoup plus rapidement que le film de CNT. Pour contourner le problème, nous avons utilisé une couche d'arrêt en germanium, et joué sur la sélectivité de plasma oxygéné/fluoré.

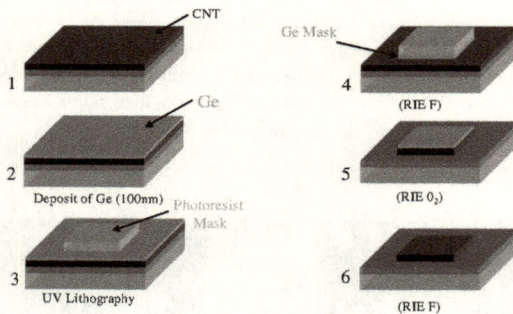

FIGURE 5.3 – Procédé de gravure du film de CNT

La figure 5.3 décrit le procédé de gravure développé. On part d'un film de CNT déposé sur un substrat de silicium recouvert de silice (1). On évapore ensuite une couche de 50 nm de germanium (2) qui servira de couche d'arrêt. On procède alors à la photolithographie pour définir les motifs désirés (3). La couche d'arrêt en germanium est ensuite ouverte à l'aide d'un plasma RIE fluoré (4) qui, s'il attaque le germanium, n'attaque pas les CNT. Puis, on procède (5) à la gravure du film de CNT par une RIE oxygénée. Le germanium,

---

[4]Reactive-ion etching

insensible à ce plasma, sert ainsi de couche d'arrêt, avant d'être retiré lors d'une dernière étape de gravure fluorée (6).

On verra au paragraphe 8.1.2 que pour obtenir des films de nanotubes suspendus, disposer d'une technologie en gravure sèche, évitant de plonger l'échantillon dans un liquide est un avantage.

5.1.3 Prise de contacts électriques

Enfin pour réaliser des dispositifs, il faut être capable de prendre des contacts électriques. Nous voulions pouvoir prendre des contacts sous et/ou sur le film. Prendre des contacts sous le film est relativement aisé puisqu'il suffit de déposer les électrodes sur le substrat avant dépôt et découpe du film. Cependant, on peut se demander si au niveau atomique le contact sera très propre et efficace entre le métal et le film de CNT simplement déposé dessus. Prendre des contacts par le dessus du film est plus difficile à mettre en œuvre car il faut faire une lithographie sur le film de CNT et il faut nécessairement mettre une épaisseur de métal plus épaisse que le film (le pad servant ensuite à la prise de contact pour la mesure se situant à l'extérieur du film, il faut nécessairement que le contact "monte" sur celui-ci.). Cependant le métal étant déposé par évaporation directement sur le film, on peut espérer que le contact entre les deux matériaux soit plus intime en engendrant une surface de contact plus grande.

Les premiers essais de lithographie sur le film de CNT, avec les résines minces classiquement utilisé pour l'épaisseur de métal désirée, n'ont pas abouti. En effet la surface sur laquelle est effectuée la lithographie UV est différente de celles utilisées classiquement (Si, GaAs, etc ..) : elle est notamment plus rugueuse, et se comporte peut-être différemment dans l'UV. Ainsi les lithographies négatives effectuées ne présentaient pas les flancs "rentrants" nécessaires pour effectuer un lift-off. Nous avons donc choisi d'utiliser une résine spécialement épaisse (7 μm), et avons optimisé les paramètres d'insolation et de développement. Cela a permis d'obtenir des flancs de résine rentrants avec un surplomb comme on peut le voir sur l'image MEB de la figure 5.4. Le dépôt de métal suivi d'un lift-off dans l'acétone a alors permis de déposer des électrodes sur le film.

5.2 Caractérisation de la qualité de la technologie développée

Nous avons donc développé une technologie capable de produire des matrices de dispositifs à base de nanotubes de carbone. Il convient maintenant d'évaluer la qualité de nos procédés. A l'aide de la méthode TLM (décrite ci-dessous) nous analyserons la qualité de notre prise de contact et chercherons à extraire la résistance de couche des films. Nous nous intéresserons également à la dispersion des caractéristiques au sein des échantillons et à la reproductibilité de l'un à l'autre. Plusieurs types de dispositifs seront ainsi étudiés en fonction de leur

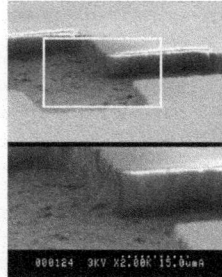

FIGURE 5.4 – Images MEB des flancs d'une résine obtenus par photolithographie UV sur un film de CNT.

structure (électrodes au-dessous et au-dessus, ou juste en-dessous) ou de la méthode de dépôt utilisée (Filtration ou Spray).

5.2.1   Description des échantillons

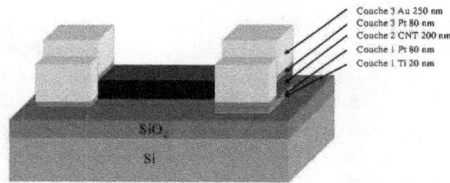

FIGURE 5.5 – Schéma du premier type de dispositif utilisé

La figure 5.5 représente la structure du premier type de dispositif réalisé. Des électrodes de Ti/Pt (20nm/80nm) sont réalisées par lithographie optique, évaporation, puis lift-off sur un substrat de Si recouvert de silice (500 nm). Le titane sert de couche d'accroche. Le film est ensuite déposé comme décrit en 5.1.1 puis structuré par lithographie et gravure sèche selon le procédé mis au point en 5.1.2. Enfin une deuxième couche de contact de Pt/Au (80 nm/250 nm) est déposée sur le film et alignée sur la première. Le platine est le métal qui est en contact direct avec le film et l'or permet de compenser la marche créée par le film qui a une épaisseur de l'ordre de 200 nm. La figure 5.6 représente une image au microscope de l'échantillon obtenu. Il s'agit d'une matrice de 360 dispositifs adaptés à l'analyse TLM constitués chacun de 5 espacements inter-électrodes formés sur la même mésa.

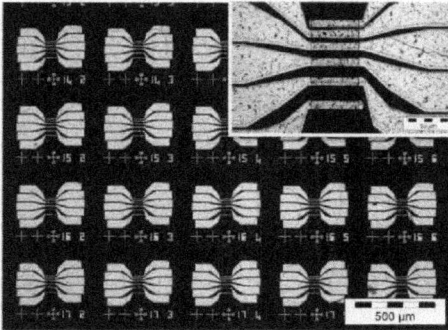

FIGURE 5.6 – Image de la matrice de dispositifs TLM caractérisée. Encart : Image d'une barrette de motif TLM.

5.2.2 Principe de l'analyse TLM

Afin de déterminer les résistances de couche de nos films et les résistances de contact obtenues avec notre technologie, nous avons utilisé la méthode TLM (Transmission Length Method[5]) qui consiste à réaliser des résistances de différentes longueurs L_i. Une mésa de largeur $W = 60 \ \mu m$ définit la zone active sur laquelle des électrodes sont déposées à des espacements variables L_i (3, 5, 10, 15 et 20 μm) (Cf. Fig 5.7). L'image optique d'un des dispositifs est représentée dans l'encart de la figure 5.6.

FIGURE 5.7 – Principe des motifs TLM

Les caractéristiques $I(V)$ des 5 espacements inter-électrodes ont été mesurées grâce à des SMU[6] en configuration quatre-fils sur les 360 motifs (soit 1800 résistances au total). Ceci a pu être réalisé grâce à un banc de mesure sous pointes automatisé. Une adéquation de l'expression $V = V_0 + RI$ aux valeurs expérimentales permet la détermination de leur résistance R. Les dimensions des motifs ont été mesurées au MEB et ne présentent pas de variations significatives sur l'échantillon.

La résistance R_i d'un espacement inter-électrodes est la somme des résistances de contact R_c aux deux électrodes et de couche active $R_{sh}.L_i/W$ où R_{sh} est la résistance de couche. Elle s'écrit :

---

[5]LIJADI et al., « Floating contact transmission line modelling: An improved method for ohmic contact resistance measurement ».
[6]Source Measurement Unit

$$R_i = 2R_c + R_{sh}\frac{L_i}{W} \tag{5.1}$$

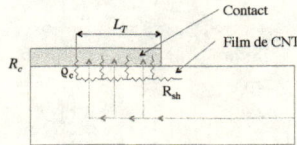

FIGURE 5.8 – Modélisation TLM. Le courant dans le matériau est transféré vers le contact (en jaune) sur une longueur L_T. La résistance de contact R_c est donc la résistivité de contact ρ_c divisé par la surface effective de contact $L_T \times W$.

Cependant la résistance de contact n'est pas la grandeur la plus révélatrice de la qualité du contact. La modélisation des TLM introduit (Cf. Fig. 5.8) la longueur de transfert (notée L_T) qui est la distance caractéristique du transfert du courant depuis le matériau vers le métal, et la résistance spécifique de contact (notée ρ_c et exprimée en $\Omega.cm^2$). Cette dernière est indépendante de la géométrie du dispositif, et donc propre au couple matériau contacté/métal.

$$L_T = \frac{R_c\,W}{R_{sh}} \qquad \rho_c = R_c\,L_T\,W \tag{5.2}$$

La résistance de contact s'écrit donc à partir de la résistance spécifique de contact :

$$R_c = \frac{\sqrt{\rho_c\,R_{sh}}}{W} \tag{5.3}$$

On voit donc que cette dernière dépend du film utilisé (via R_{sh}) et de la géométrie (via W).

5.2.3   Résistances de couche et de contact

On cherche à présent à caractériser les résistances de couche R_{sh} et les résistances de contact R_c à partir de la statistique des résultats expérimentaux. On suppose pour cela l'échantillon homogène, c'est-à-dire que R_{sh} et R_c sont constantes sur tout l'échantillon. Pour chaque famille de résistances (i.e. l'ensemble des 360 motifs ayant la même longueur L_i) on calcule la valeur moyenne de la résistance mesurée $< R_i >$ sur les 360 motifs, sa déviation standard σR_i et l'incertitude associée à la valeur moyenne $dR_i = 2\sigma R_i/\sqrt{N}$.

$L_i\ [\mu m]$	N	$< R_i >\ [\Omega]$	$\sigma R_i\ [\Omega]$	$dR_i\ [\Omega]$
3,3	312	48,4	8,1	0,9
5,5	326	73,7	11,3	1,2
10,9	277	140,8	16,3	2,0
15,8	251	196,0	22,9	2,9
21,0	246	257,0	23,7	3,0

N représente le nombre de dispositifs (sur les 360) que nous avons, après exploitation, considérés comme non aberrants. Seuls ces derniers ont donc été pris en compte dans l'exploitation. La courbe $< R_i >= f(L_i)$ tracée sur la figure 5.9 permet d'extraire les valeurs moyennes expérimentales $R_{sh} = (788 \pm 10)\ \Omega/sq$ et $R_c = (4.5 \pm 0.4)\ \Omega$.

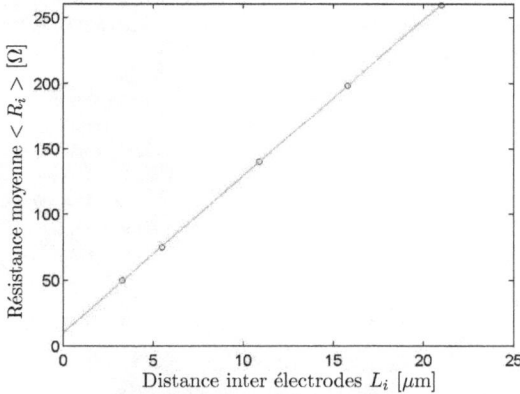

FIGURE 5.9 – Résistance moyenne sur les 360 dispositifs pour chaque espacement inter-électrodes en fonction de leur longueur.

Les valeurs obtenues sont récapitulées dans le tableau qui suit et peuvent être comparées à la publication de Jackson et al.[7] en 2010 présentant des résultats de mesures TLM sur film de CNT, avec des contacts en Argent.

	$R_{sh}\ (\Omega/sq)$	$R_c\ (\Omega)$	$L_T\ (\mu m)$	$\rho_c\ (\Omega.cm^2)$
LPN-ONERA	788 ± 10	$4,5 \pm 0.4$	$0,38 \pm 0,04$	$(1,1 \pm 0,1).10^{-6}$
Jackson et al.	350	2,8	80	2.10^{-2}

Notre technologie a donc permis d'améliorer de près de quatre ordres de grandeur l'état de l'art pour la valeur de la résistance spécifique de contact ρ_c. Rappelons qu'il est intéressant de minimiser la résistance de contact, pour que la résistance du dispositif R soit dominé par la résistance de couche active $R_{sh}L/W$ et non par la résistance de contact $2R_c$.

---

[7] JACKSON et al., « Specific contact resistance at metal/carbon nanotube interfaces ».

Par ailleurs, nous obtenons des valeurs submicroniques de L_T. Cela signifie que pour le même type de film, nous pourrons à l'avenir, si nous le souhaitons, utiliser des électrodes dont la largeur L_c serait de l'ordre du micron. Il apparaît donc qu'il est inutile de superposer les deux couches d'électrodes en lithographie UV car sa la précision de l'alignement est plus faible que L_T.

5.2.4 Dispersion au sein des échantillons

Notre capacité à produire des matrices nous permet de décrire la dispersion du comportement de nos dispositifs. Celle-ci est relativement élevée ($\sigma R / < R > \approx 15\%$) et est illustrée sur la figure 5.10 où sont représentées les distributions des résistances mesurées pour chacun des espacements inter-électrodes. Notons que cette constatation n'est pas contradictoire avec la précision donnée au paragraphe précédent sur les valeurs moyennes de R_{sh} et R_c. En effet, l'incertitude sur la valeur moyenne s'écrit : $dR = 2\sigma R / \sqrt{N}$.

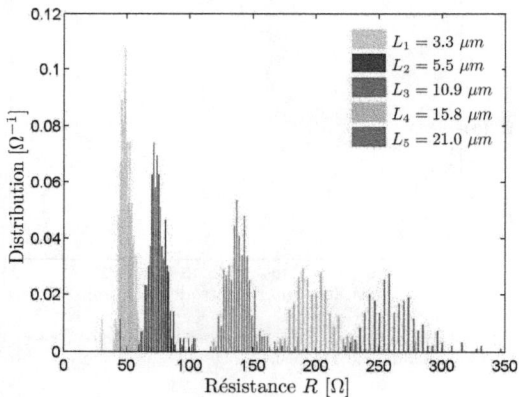

FIGURE 5.10 – Distribution des valeurs de résistance pour les 5 espacements inter-électrodes

On peut s'interroger sur l'origine physique de la dispersion observée en figure 5.10. Par la même méthode que celle utilisée au paragraphe précédent (Cf. Fig 5.9), les valeurs de R_{sh} et R_c ont été extraites pour chacun des motifs composés de 5 résistances disposées sur la même mésa (Cf. Fig. 5.11). Les valeurs ainsi calculées ne montrent pas de gradient sur l'échantillon mais un bruit autour d'une valeur moyenne constante. Ces bruits sont représentés sur la figure 5.11 par les distributions des valeurs calculées de R_{sh} et R_c.

La distribution de R_c présente une déviation standard égale à $\sigma R_c = 5,4\ \Omega$, et donc une largeur relative $\sigma R_c / R_c$ de 120% ce qui est beaucoup trop élevé pour une mesure fiable. En effet, la déviation standard de la distribution de R_{sh} est de $\sigma R_{sh} = 98\ \Omega/sq$, et la résistance

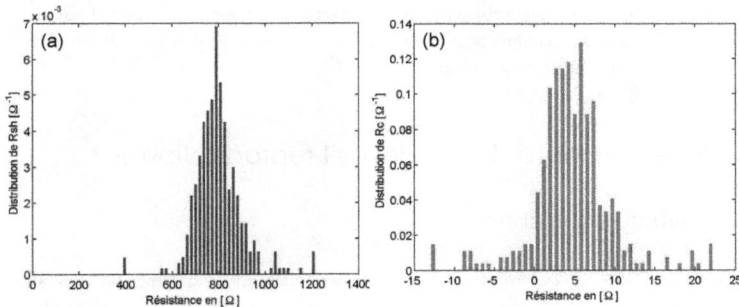

FIGURE 5.11 – Distribution des résistances de couche R_{sh} (a) et de contact R_c (b) des 360 dispositifs.

de contact est évaluée par extrapolation à une longueur nulle. En considérant comme pivot le point de la résistance la plus faible, une variation de pente égale à σR_{sh} entraîne une fluctuation de résistance de contact de l'ordre de 5 Ω, valeur en accord avec la déviation standard observée pour la résistance de contact.

En résumé la très forte dispersion observée sur les mesures de résistance est due aux fluctuations de la résistance de couche, cela explique pourquoi σR_i augmente avec L_i. Ces dernières entraînent une dispersion des résultats obtenus sur la résistance de contact, mais rien ne dit, dans cette expérience, que cette grandeur présente une forte dispersion.

L'origine des fluctuations de la résistance de couche n'est pas connue. Le nombre de résistances acceptées comme bonnes N sur les 360 motifs décroît quand la longueur de la résistance augmente (voir tableau des résultats). Des résistances ont été écartées lors du traitement parce qu'elles présentent un défaut majeur qui place leur valeur loin de la courbe $R = f(L)$. Plus l'aire du dispositif $W \times L_i$ augmente, plus sa résistance a tendance à présenter de déviations. En traçant le nombre de défauts (360-N) en fonction de l'aire des dispositifs ($360 \times L \times W$) on trouve qu'il y a a 4.10^4 défauts rédhibitoires par cm^2 soit une distance moyenne entre défauts de l'ordre de 50 μm. Il s'agit probablement de défauts locaux lors du dépôt du film comme des plis ou des dislocations. Des impuretés, un dopage, une rugosité résiduelle du film lors de sa formation, ou des restes du masque de germanium pourraient aussi expliquer ce phénomène.

5.2.5 Conclusion

Nos développements technologiques nous ont permis de fabriquer de véritables matrices de dispositifs. Leur caractérisation via la méthode TLM, nous a permis de mettre en évidence des résistances spécifiques de contact inférieures de quatre ordres de grandeur à celles de la littérature, et des dispersions relativement faibles. Par ailleurs, les valeurs de la longueur

de transfert obtenues étant submicroniques, il n'est pas nécessaire d'utiliser deux couches
de contact superposées comme nous l'avons fait si nous ne pouvons pas les aligner avec une
précision du même ordre de grandeur.

5.3   Prise de contact simplifiée, et reproductibilité

5.3.1   Structure des dispositifs

Si la technologie que nous avons développée est performante, elle est cependant peu aisée à
mettre en œuvre si on souhaite fabriquer un grand nombre d'échantillons. Nous avons donc
choisi de tester une technologie plus simple, avec une seule couche de contact placée sous
le film (Cf. Fig. 5.12). Nous allons présenter les caractéristiques d'un échantillon de ce type
fabriqué avec les mêmes briques technologiques (dépôt de film et gravure) et un masque
similaires au précédent.

FIGURE 5.12 – Structure du dispositif étudié. Les contacts sont placés sous le film.

5.3.2   Caractérisation électrique

La figure 5.13 représente la distribution des valeurs de résistance d'un échantillon ayant
la structure décrite sur la figure 5.12. On voit qu'elle est aussi bonne que précédemment
(typiquement $\sigma R_i / R_i < 10\%$). La qualité générale du procédé technologique est donc satis-
faisante.

Nous avons également, de la même manière que sur l'échantillon précédent, effectué
une analyse TLM de cet échantillon. La résistance moyenne de chaque espacement inter-
électrodes $< R_i >$ en fonction des longueurs L_i est représentée sur la figure 5.14. L'analyse
TLM nous donne une résistance de couche $R_{sh} = 1641$ Ω/sq et une résistance de contact
$Rc = 80$ Ω. La longueur de transfert est donc $L_T = 3$ μm, et la résistivité des contacts
$\rho_c = 1.4$ 10^{-4} $\Omega.cm^2$. On a donc une résistivité spécifique de contact plus élevée (deux
ordres de grandeur) qu'avec des contacts de part et d'autre du film. On peut en effet penser
que le métal prend un contact plus intime avec le film quand il est déposé par évaporation
sur ce dernier que lorsque le film est simplement déposé sur le contact.

Les résistances de contact observées restent cependant faibles devant la résistance de
couche $R_c < Rsh$. Cette technologie étant beaucoup plus simple à mettre en œuvre, elle
sera utilisée exclusivement par la suite.

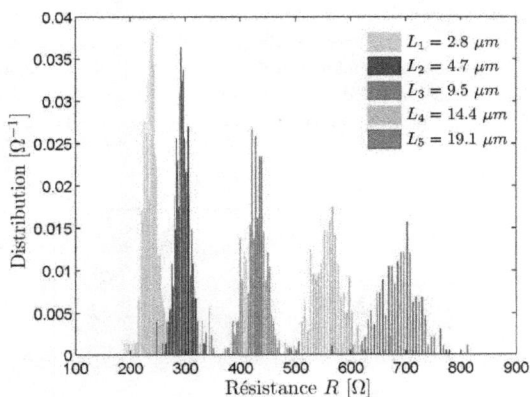

FIGURE 5.13 – Distribution des valeurs de résistance pour les 5 espacements inter-électrodes

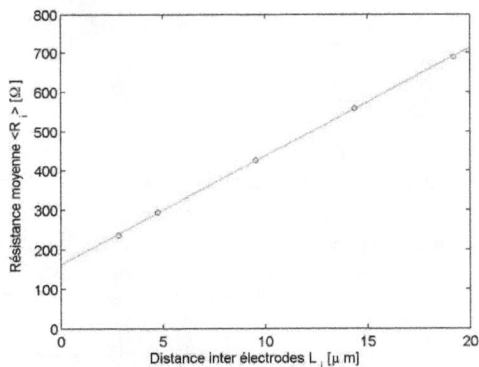

FIGURE 5.14 – Chiralité des nanotubes de Carbone

5.3.3 Influence de la densité surfacique de tubes sur la conductance

Nous avons voulu tester la reproductibilité de notre procédé de fabrication, et vérifier si on peut contrôler la résistance de couche du film en faisant varier la densité surfacique en tubes du film. Pour ce faire, nous avons prélevé des quantités de CNT différentes dans une solution mère : 10, 20, 30, 40, et 50 μL avant de les disperser dans 200 mL d'eau et de filtrer (Cf. § 5.1.1).

Ces échantillons ont été mesurés puis les résultats analysés selon la méthode TLM. La figure 5.15 représente la conductance de couche (l'inverse de R_{sh}) des différents échantillons en fonction du volume de solution mère prélevée. Si effectivement la conductance de couche varie linéairement avec la quantité de tubes introduits, la tendance moyenne ne semble pas passer par l'origine. Cela est sans doute dû à un phénomène de percolation pour les petites épaisseurs[8].

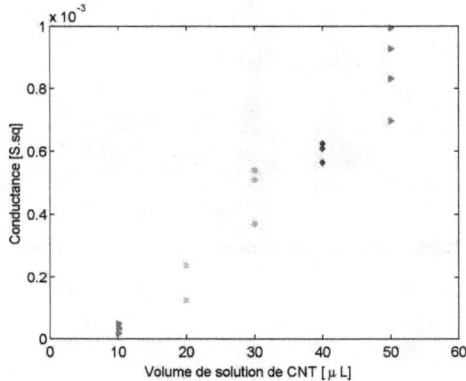

FIGURE 5.15 – Conductance de couche moyenne des échantillons en fonction du volume de solution de CNT prélevé.

5.3.4 Reproductibilité d'un échantillon à l'autre

La mesure de l'épaisseur des films est un exercice difficile. L'obtenir au MEB est compliqué car les CNT "chargent" beaucoup, et des mesures AFM systématiques s'avéreraient trop longues. La mesure au profilomètre mécanique donne des épaisseurs des mésa non proportionnelles à la quantité de tubes introduite. Il est possible que lorsque l'on change la quantité de CNT introduits lors du procédé de filtration/report, on modifie à la fois l'épaisseur du film et sa densité. Nous pouvons néanmoins affirmer que les épaisseurs des échantillons étudiés ici sont de l'ordre de 100 nm pour les plus minces et de 400 nm pour les plus épaisses. Nous préférerons donc parler par la suite uniquement de conductance de couche (ou de résistance), cette dernière étant bien proportionnelle à la densité de tubes par unité de surface (et donc à la quantité de tube prélevée) (Cf. Fig. 5.15) et non pas de conductivité (résistivité) qui s'avérerait dépendre de la quantité de tubes prélevée.

Enfin, on voit sur la figure 5.15 que pour un même volume de CNT, les résultats sont assez dispersés. Si au sein d'un échantillon, les caractéristiques des dispositifs sont très similaires, il semble y avoir un manque de reproductibilité d'un échantillon à l'autre. Les échantillons

---

[8]HU et al., « Percolation in Transparent and Conducting Carbon Nanotube Networks ».

ayant été fabriqués en parallèle à partir d'une même solution mère, il est probable que le manque de reproductibilité provienne du procédé de filtration/dépôt qui ne permet pas d'obtenir des films strictement similaires du point de vue de la résistance de couche.

5.4   Films minces de CNT déposés par spray

5.4.1   Méthode de dépôt par spray

Comme nous l'avons dit en 5.1.1, la méthode de fabrication de film par filtration/dépôt ne permet pas de réaliser des couches très minces (i.e inférieure à 100 nm). Nous avons néanmoins pu obtenir de telles couches grâce à la technique de dépôt par spray développée par Thalès R&T et ainsi étudier leurs propriétés.

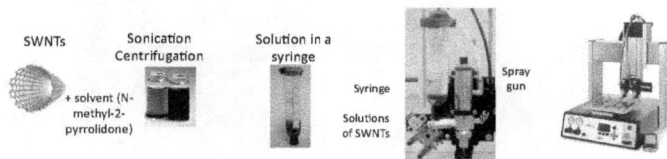

FIGURE 5.16 – Méthode de dépôt par spray développée au Thalès R&T

La technique de spray développée par le Thalès R&T[9] est présentée sur la figure 5.16. Les CNT (dans ce cas des CoMoCat, Cf. 3.1.2) sont dispersés dans de la NMP[10] qui est un solvant organique, sans ajout de surfactant. Après sonification pour assurer la bonne dispersion des tubes et éviter les bundles[11], la solution est centrifugée pour retirer les impuretés. La partie supérieure de la solution est prélevée et insérée dans une seringue qui est alors placée sur le dispositif de spray. La machine diffuse la solution sous forme d'émulsion de micro-gouttelettes dans l'air vers le substrat. Ce dernier est chauffé pour assurer l'évaporation immédiate du solvant lorsque les gouttelettes l'atteignent et ainsi éviter un effet "tache de café". Le substrat se déplace pendant l'opération pour assurer une bonne homogénéité du dépôt. Cette méthode permet d'obtenir des films de CNT dont la densité surfacique est inférieure à la mono-couche de tubes.

5.4.2   Description et caractérisation des échantillons obtenus

Nous avons réalisé trois échantillons de différentes épaisseurs (de l'ordre de 10-30 nm). Pour ce faire, nous avons utilisé des électrodes de Ti/Au (20/200 nm) pré-déposées sur un substrat de silicium recouvert de silice. Le film de CNT de quelques dizaines de nanomètres

---

[9]BONDAVALLI et al., « Highly selective CNTFET based sensors using metal diversification methods ».
[10]N-méthyl-2-pyrrolidone
[11]fagots

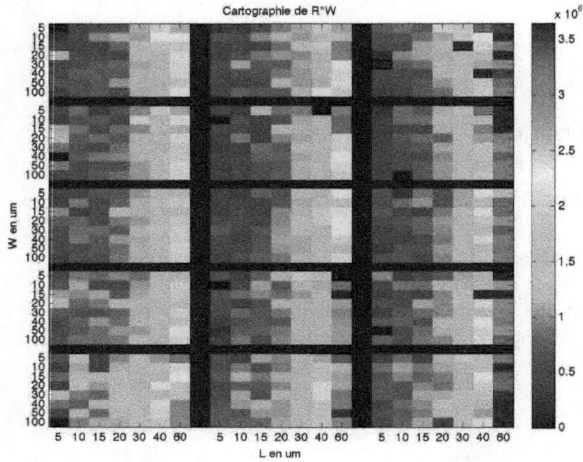

FIGURE 5.17 – Cartographie de la Résistance pondérée par la largeur $R(L, W) \times W$

a ensuite été déposé par spray. Ce dernier étant relativement fin, nous n'avons pas utilisé de germanium comme couche d'arrêt pour la gravure du film. La résine utilisée pour définir les motifs a servi de masque avant d'être retirée dans l'acétone.

Le masque lithographique utilisé est différent des précédents. Il est constitué de 15 matrices identiques de dispositifs. Au sein de chaque matrice, la largeur W_j et la longueur L_i des dispositifs varient (respectivement de 5, 10, 15, 20, 30, 40, 50, et 100 μm et 5, 10, 15, 20, 30, 40, et 60 μm). La résistance d'un dispositif $R(L_i, W_j)$ peut donc s'écrire :

$$R(L_i, W_j) = \frac{R_{sh}}{W_j}(L_i + L_T)$$ (5.4)

où L_T est indépendante de W et L. Ces échantillons ont été entièrement mesurés. Il s'est avéré que nous avons une dispersion relativement grande sur ces échantillons en comparaison des précédents.

La figure 5.17 représente pour l'un des échantillons la cartographie de la résistance totale pondérée par la largeur $R(L_i, W_j) \times W_j$. On devrait observer pour chaque bande horizontale (i.e. W_j constant) le même gradient selon L_i sur tout l'échantillon ce qui n'est visiblement pas le cas à cause de la forte inhomogénéité de l'échantillon.

Pour estimer de manière plus quantitative cette dispersion, la figure 5.18 représente, pour les courbes en couleur, la valeur moyenne de $R(L_i, W_j) \times W_j$ pour chaque valeur de

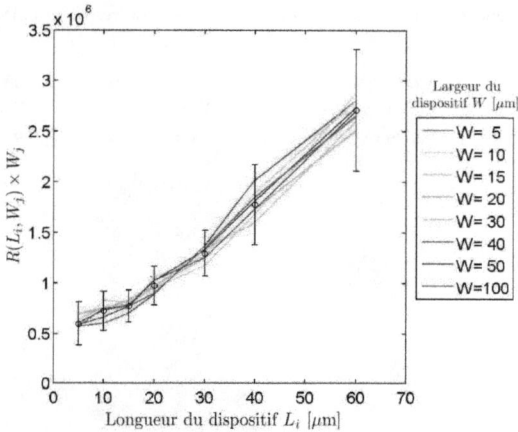

FIGURE 5.18 – En couleur : Courbes de la résistance pondérée par la largeur $R(L_i, W_j) \times W_j$ en fonction de L_i. En noir avec des barres d'erreur : Résistance moyenne $< R(L_i, W_j) \times W_j >$ en fonction de L_i et son écart type sur les 120 dispositifs.

W_j (soit sur 15 dispositifs) en fonction de L_i. D'après l'équation 5.4 ces courbes devraient se superposer. Si la tendance générale est là, on voit qu'il y a une forte dispersion et que les courbes ne sont pas très linéaires pour les faibles longueurs ($L_i < 20 \ \mu m$). Ceci est probablement du à un phénomène de percolation[12]. La courbe en cercles noires représente, pour chaque valeur de L_i, la moyenne de $R(L_i, W_j) \times W_j$ sur tous les dispositifs de longueur L_i (soit 120 dispositifs), et les barres d'erreur indiquent l'écart-type sur ces 120 dispositifs. La tendance est donc relativement peu linéaire et la dispersion de l'ordre de $\sigma R/R \approx 25\%$.

Même s'il y a une certaine dispersion au sein de ces échantillons, cela n'empêche pas les tendances générales d'être observées, et d'étudier ces films de CNT.

5.5 Conclusion

Nous avons présenté dans ce chapitre deux méthodes de dépôt : la filtration sous vide qui permet d'obtenir des films relativement épais (>100nm), et le dépôt par spray développé par TRT qui donne des films très minces. Les briques technologiques (prise de contact, gravure) que j'ai développées pour fabriquer des matrices de dispositifs à partir de ces couches ont également été décrites.

La caractérisation des divers types d'échantillons fabriqués a montré une faible dispersion de leurs caractéristiques électriques et la possibilité d'obtenir des résistances spécifiques de

---

[12]BEHNAM et al., « Percolation scaling of $1/f$ noise in single-walled carbon nanotube films ».

contact extrêmement faibles (avec une amélioration de 4 ordres de grandeur de l'état de l'art).

La qualité des échantillons ayant été établie, il est dès lors possible de caractériser le transport (Cf. Chapitre 6) et le bruit (Cf. Chapitre 7) au sein des films de CNT, pour mieux comprendre la physique qui les régit et leur potentiel comme thermistor pour une application de type bolomètre (Cf. Chapitre 8)

Chapitre

6   Transport électronique

Sommaire

Les films de nanotubes de carbone sont un matériau complexe à étudier du point de vue du transport. En effet ces réseaux sont composés d'un grande nombre de tiges très conductrices (c'est-à-dire les tubes) reliées entre elles par des jonctions. Les porteurs pour traverser le film doivent donc parcourir les tubes eux-mêmes, mais également passer à travers les barrières de potentiel que constituent les jonctions. Nirmalraj et al.[1] ont observé expérimentalement que les résistances de ces jonctions sont supérieures à celle des tubes eux-mêmes. Les barrières de potentiel tube-tube et les lois d'échelle géométriques imposées par la percolation à travers un tel réseau, contrôlent donc le transport.

Le terme générique "film de CNT" désigne ces assemblages de tubes, et décrit des objets pouvant présenter un large panel de propriétés. En effet on peut moduler les propriétés des films en jouant par exemple sur le rapport entre tubes métalliques et tubes semi-conducteurs ou en les dopant a posteriori par voie chimique, ce qui peut influencer considérablement leurs propriétés de transport.

---

[1] NIRMALRAJ et al., « Electrical Connectivity in Single-Walled Carbon Nanotube Networks ».

Pour toutes les applications optoélectroniques, il est d'une importance primordiale de contrôler et si nécessaire optimiser, la résistance de couche des films de CNT (en particulier pour les électrodes transparentes), et sa dépendance avec la température (notamment pour les bolomètres) ou le dopage (pour les capteurs de gaz). Il est donc intéressant de comprendre les phénomènes qui gouvernent le transport électronique dans un matériau aussi complexe et désordonné, ce qui permettra de choisir la meilleure configuration pour chaque application.

La littérature est riche de données sur les propriétés optiques et électroniques des films de CNTs. Mais les auteurs utilisent des tubes obtenus, et même triés, par différents moyens, ainsi que diverses méthodes pour leur assemblage en films minces. Les résultats sont donc difficiles à comparer et à combiner de manière cohérente.

Nous avons donc décidé d'étudier expérimentalement et théoriquement les propriétés de transport et de bruit (Voir chapitre suivant) d'un panel de films de CNT. Nous avons choisi de mettre l'accent sur trois types de tubes disponibles dans le commerce et largement utilisés : HiPco, NanoIntegris, et CoMoCAT. Nous nous sommes également intéressé à l'influence de deux méthodes de dépôt (filtration sous vide, et spray), ainsi qu'à l'impact des caractéristiques électriques des tubes, à savoir avec différents ratios de tubes métalliques et semi-conducteurs. Cela va nous permettre de mettre en évidence l'importance des lois d'échelle géométriques (comme la longueur des tubes, la densité massique de surface du film, et la dimension des dispositifs) sur la résistance de couche et l'optimisation du bruit. En outre, une modélisation quantitative du transport grâce à un modèle d'effet tunnel assisté par les fluctuations thermiques au niveau des jonctions inter-tubes, nous permettra de proposer une interprétation cohérente de nos résultats expérimentaux et de publications précédentes[2],[3],[4]. Ces travaux ont été soumis au Journal of Applied Physics[5].

6.1   Fabrication des films et des échantillons

Six échantillons ont été réalisés en utilisant le même procédé technologique de salle blanche (Cf. Chapitre 5). Chacun d'eux présente 840 dispositifs à deux terminaux dont la structure est représentée sur la figure 6.1. Quinze ensembles identiques présentant 56 dispositifs différents de largeurs W_j (allant de 5 à 100 microns) et de longueurs L_i (allant de 5 à 60 microns) ont été dessinés. Ils sont constitués d'électrodes Ti/ Au (20/200nm) fabriquées par photolithographie sur un substrat de silicium recouvert de silice. Un film spécifique a alors été déposé comme décrit ci-dessous sur chaque substrat. Enfin, le film a été structuré par gravure plasma oxygénée (RIE) en utilisant un masque de résine photosensible, pour définir les motifs.

---

[2]JACKSON et al., « Evaluation of Transparent Carbon Nanotube Networks of Homogeneous Electronic Type ».
[3]BLACKBURN et al., « Transparent Conductive Single-Walled Carbon Nanotube Networks with Precisely Tunable Ratios of Semiconducting and Metallic Nanotubes ».
[4]BARNES et al., « Reversibility, Dopant Desorption, and Tunneling in the Temperature-Dependent Conductivity of Type-Separated, Conductive Carbon Nanotube Networks ».
[5]KOECHLIN et al., « Electronic transport and noise study of a wide panel of carbon nanotube films ».

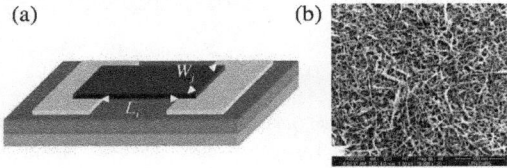

FIGURE 6.1 – (a) Schéma des dispositifs utilisés. (b) Image MEB de l'échantillon CMC-SC1.

Comme annoncé, deux méthodes de dépôt ont été étudiées. D'une part, la filtration sous vide (Cf. § 5.1.1) a été utilisée pour produire quatre échantillons, avec des films assez épais (> 100 nm). L'échantillon H-US (voir tableau 6.1), a été fabriqué en utilisant des tubes HiPco alors que les échantillons NI-US, NI-SC, NI-M ont été fabriqués en utilisant respectivement, des tubes Nano-Integris non triés, enrichis en tubes semi-conducteurs, et enrichis en tubes métalliques. Dans tous les cas, la même masse de poudre obtenue commercialement a été dispersée en solution pour former des films de CNTs de même densité massique de surface ρ_F.

Echantillon	types de CNT	L_{tubes} [μm]	%SC / %M	Method de fab.	ρ_{tubes}
H-US	Hipco	0.1-1	66/33	Filtration	ρ_F
NI-US	Arc Discharge	1	66/33	Filtration	ρ_F
NI-M	Arc Discharge	0.5	10/90	Filtration	ρ_F
NI-SC	Arc Discharge	1	90/10	Filtration	ρ_F
CMC-SC1	CoMoCat	0.8	90/10	Spray	$\rho_S < \rho_F$
CMC-SC2	CoMoCat	0.8	90/10	Spray	$\rho_S/2$

TABLE 6.1 – Description des films de CNT utilisés

D'autre part, deux autres échantillons ont été fabriqués avec des films plus minces (<50nm). Pour ce faire nous avons fait appel à la technique développée par Thalès-TRT (décrite en § 5.4.1). Il s'agit donc de tubes CoMoCAT dispersés dans de la NMP[6]. Le volume de solution pulvérisée pour l'échantillon CMC-SC1 est le double de celui utilisé pour CMC-SC2, conduisant à des densités massique de surfaces respectives $\rho_S < \rho_F$ et $\rho_S/2$. Une image MEB de l'échantillon CMC-SC1 est présentée dans la figure 6.1.

Notre panel de films de CNT offre la possibilité d'étudier l'influence sur le transport électrique des facteurs liés à la percolation tels que la longueur des tubes L_{tubes}, la densité massique de surface ρ ainsi que des facteurs liés aux barrières tels que la chiralité des tubes, l'origine des tubes ou le procédé fabrication, qui sont connus pour influencer l'état de surface.

---

[6]N-méthyl-2-pyrrolidone

6.2   Résistance de couche à température ambiante

6.2.1   Mesure

Afin de caractériser la résistance de couche moyenne $\overline{R_{sh}}$ de notre panel de films de CNT, nous avons utilisé la méthode TLM décrite au chapitre 5. Nous avons mesuré en configuration quatre fils, les caractéristiques IV des 840 dispositifs de chaque échantillon à l'air libre. Étant donné que seuls des comportements ohmiques ont été observés, il est possible d'extraire la résistance $R_{i,j}$ de chaque dispositif. Cette dernière peut s'écrire :

$$R_{i,j} = R_{sh} \frac{(L_i + 2L_t)}{W_j} \tag{6.1}$$

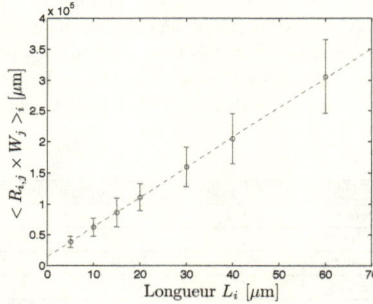

FIGURE 6.2 – Produit moyen $< R_{i,j} \times W_j >_i$ sur la longueur L_i (cercles bleus) et sa déviation standard (barres d'erreurs bleues) en fonction de L_i. En rouge, le fit avec l'équation 6.1.

où W_j et L_i sont la largeur et la longueur du dispositif, et L_T est la longueur de transfert. Cette dernière est la longueur sous le contact nécessaire pour transférer les porteurs du film vers l'électrode en raison de la résistance de contact. L_T est indépendante de L_i et W_j. La figure 6.2 représente la valeurs moyenne (sur tous les dispositifs de même longueur L_i) du produit $R_{i,j} \times W_j$ (cercle bleu) et sa dispersion (barre d'erreur) en fonction de L_i. D'après l'équation 6.1, il est possible d'extraire via un fit (ligne pointillée rouge), les résistances de couche moyenne $\overline{R_{sh}}$ de chaque échantillon, dont les valeurs sont reportées dans le tableau 6.2.

6.2.2   Discussion sur le scaling géométrique

Tout d'abord, il apparaît que les deux échantillons minces (CMC-SC1 et CMC-SC2) produits par spray sont bien plus résistifs que les plus épais. Un rapport 3.5 est observé dans la résistance de couche de ces deux films. Puisque la densité massique de surface de CMC-SC1

Échantillon	types de CNT	L_{tubes} [µm]	%SC / %M	Method de fab.	ρ_{tubes}	R_{sh}
H-US	Hipco	0.1-1	66/33	Filtration	ρ_F	$4.4.10^3$
NI-US	Arc Discharge	1	66/33	Filtration	ρ_F	$5.8.10^2$
NI-M	Arc Discharge	0.5	10/90	Filtration	ρ_F	$2.1.10^3$
NI-SC	Arc Discharge	1	90/10	Filtration	ρ_F	$5.9.10^2$
CMC-SC1	CoMoCat	0.8	90/10	Spray	$\rho_S < \rho_F$	$4.0.10^4$
CMC-SC2	CoMoCat	0.8	90/10	Spray	$\rho_S/2$	$1.4.10^5$

TABLE 6.2 – Liste des films de CNT et de leur résistance de couche moyenne

est deux fois celle de CMC-SC2, on aurait pu s'attendre à un facteur deux, mais les effets de percolation à ces fines épaisseurs (moins d'une dizaine de mono-couches) sont connus pour rendre la relation entre la résistance de couche et la densité de surface non linéaire[7],[8].

Ensuite, parmi les trois films basés sur des tubes NanoIntegris, (même quantité de tubes de même origine) NI-M (tubes métalliques) apparaît étonnamment 3.6 fois plus résistif que NI-SC et NI-US. De plus ces films faits respectivement avec des tubes enrichis semi-conducteurs et non triés présentent la même résistance. En fait, puisque le transport est contrôlé par les jonctions tube-tube, la résistance de couche dépend du nombre et de la transmission des jonctions que les porteurs doivent traverser, et de la densité de ces derniers. Il a ainsi été démontré qu'en raison de la percolation, la résistance de couche[9] variait en $(L_{tubes})^{-1.7}$. Or on peut remarquer dans le tableau 6.2, que la longueur typique des tubes pour NI-M est $0.5 \mu m$ alors qu'elle est de $1 \mu m$ pour NI-SC et NI-US. La résistivité élevée de NI-M peut donc être principalement attribuée à la faible longueur de ses tubes.

De même, la longueur typique des tubes proposés par notre fournisseur HiPco est plus petite que celle des tubes obtenus chez Nano-Integris. Cela explique entre autres pourquoi H-US est le plus résistif parmi les quatre échantillons produits par filtration avec la même masse de tubes (surtout en comparaison de NI-US, qui a le même rapport de tubes métalliques et semi-conducteurs).

En résumé, la différence de résistance de couche de nos échantillons a été qualitative-ment expliquée par la différence dans la densité et la longueur des tubes. Cette dernière apparaît essentielle, puisque le nombre de jonctions devant être traversées par les porteurs, en dépend de manière non linéaire. Étonnamment, les caractéristiques électriques des tubes (i.e. métal/semi-conducteur) ne semblent pas avoir d'influence notable sur la résistance de couche alors que nous pourrions attendre qu'elles influent sur la transmission des barrières ou sur le nombre de porteurs disponibles. On peut étudier ces phénomènes par des mesures de transport en fonction de la température. Nous proposons donc une étude expérimentale et théorique de la dépendance de la résistance de couche avec la température.

---

[7]BEHNAM et al., « Percolation scaling of $1/f$ noise in single-walled carbon nanotube films ».
[8]HU et al., « Percolation in Transparent and Conducting Carbon Nanotube Networks ».
[9]NIRMALRAJ et al., « Electrical Connectivity in Single-Walled Carbon Nanotube Networks ».

6.3   Mesure de la résistance de couche en fonction de la température

6.3.1   Dispositif expérimental

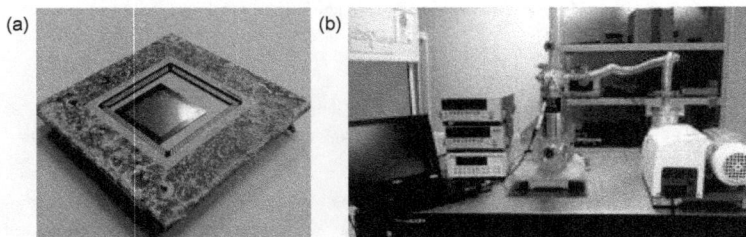

FIGURE 6.3 – (a) Photo d'une platine sur laquelle l'échantillon est collé à la laque d'argent. Les électrodes des dispositifs sont reliées par micro-soudure à ultrasons au fil d'or aux contacts qui se trouvent sur la face avant de la platine. On voit sur la partie extérieure de celle-ci les restes de la pâte thermique qui assure le bon contact thermique avec son support dans le cryostat. (b) Photo de mon bac de mesure. On reconnaît (de gauche à droite), le PC de contrôle, les deux sourcemètres Keithley et le contrôleur de température Lakeshore, le cryostat Janis, et sa pompe.

Afin de pouvoir mesurer la résistance de couche en fonction de la température de notre panel de films de CNT, et donc d'un grand nombre de dispositifs, j'ai mis au point un cryostat automatisé. Les échantillons sont collés à la laque d'argent sur des platines (voir fig. 6.3). Sur chaque échantillon un ensemble de dispositifs de même largeur W et de différentes longueurs L_i, est pré-sélectionné. Ces dispositifs sont alors connectés par soudure ultrason de fil d'or aux contacts de la face avant des platines. Ces dernières peuvent alors être intégrées, contactées en face arrière et mesurées dans un cryostat de type $Janis\ ST100$. Celui-ci est régulé en température à l'aide d'un contrôleur de température $Lakeshore$, et les mesures IV effectuées par deux sourcemètres $Keithley$ 6430. Le tout est entièrement contrôlé par ordinateur. Le programme s'assure entre autres de la bonne thermalisation des échantillons (i.e résistance de l'échantillon constante à 10^{-4} près avant de faire sa mesure). Une photo du dispositif de mesure mis au point est présentée en figure 6.3.

6.3.2   Mesures TLM en température

Les résistances de chaque dispositif de longueur L_i, mesurées entre 300K et 80K, de l'échantillon H-US sont représentées sur la figure 6.4.a On s'aperçoit qu'elles présentent toutes un comportement décroissant. Afin de supprimer une éventuelle contribution des contacts, des connexions ou de la microsoudure, nous allons extraire la résistance de couche en fonction de la température. La figure 6.4.b représente ces mêmes données mais en fonction de la

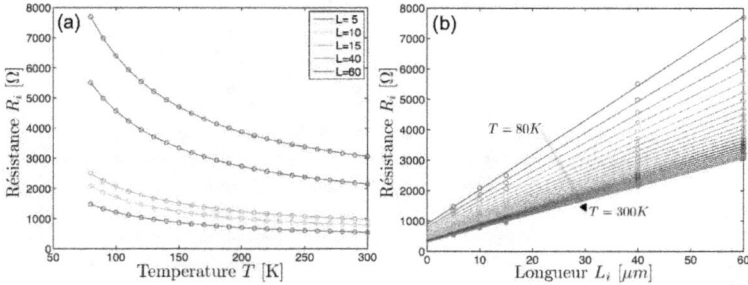

FIGURE 6.4 – (a) Résistance R_i en fonction de la température pour 5 dispositifs de longueur L_i de l'échantillon H-US. (b) Résistance R_i en fonction de la longueur L_i de 5 dispositifs de l'échantillon H-US pour différentes températures.

longueur L_i des dispositifs pour différentes températures. Un fit à partir de l'équation 6.1 pour chaque température permet d'extraire la résistance de couche R_{sh} en fonction de la température T.

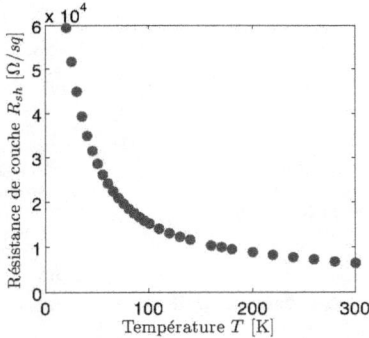

FIGURE 6.5 – Résistance de couche de l'échantillon H-US en fonction de la température

La figure 6.5 représente, entre 20K et 300K, la résistance de couche de l'échantillon H-US, qui présente une décroissance avec la température. Un comportement qualitatif similaire a été observé pour tous les échantillons, ce qui suggère que le mécanisme de transport y est le même. Cette décroissance est une signature du mode de transport qui gouverne la conduction dans les films de nanotubes et plus précisément aux jonctions entre les tubes. Comme nous le verrons plus tard, nos données sont compatibles avec le mécanisme d'effet tunnel assisté par les fluctuations thermiques développé par Sheng[10] dans les années 1980. La prochaine partie sera donc consacrée à la description de ce mode de transport.

---

[10]SHENG, « Fluctuation-induced tunneling conduction in disordered materials ».

6.4 Fluctuation Induced Tunneling

6.4.1 Description du modèle

Comme nous l'avons vu ci-dessus la résistance des films de CNT est contrôlée par les jonctions entre les tubes, ce sont donc elles qui contrôlent le transport. Les porteurs doivent traverser ces jonctions en passant à travers les barrières de potentiel de largeur w constituées par les espaces isolants (i.e. le vide) qui se trouvent entre les tubes considérés comme des conducteurs de travail de sortie V_0. Nous allons étudier le transport à travers ces barrières en utilisant le modèle mis au point par Sheng[11]. Pour décrire la forme de ces barrières de potentiels, nous allons utiliser une barrière de forme parabolique, qui permet de prendre en compte l'effet de force image et a l'avantage de supprimer les champs infinis qui seraient impliqués par des barrières rectangulaires. Nous décrirons donc le profil d'énergie entre les deux conducteurs soumis à un champ ξ par : $V(x, \xi) = V_0[\frac{x}{w}(1 - \frac{x}{w})] - xe\xi$. (voir Fig. 6.6).

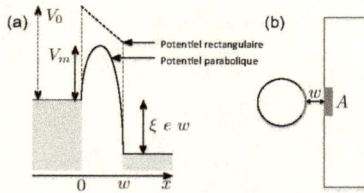

FIGURE 6.6 – (a) Schéma de la barrière de potentiel parabolique prenant en compte l'effet de force image pour une jonction de largeur w, de hauteur V_0 soumise à un champ ξ. (b) Schéma de la jonction entre les deux tubes qui forme une capacité d'épaisseur w et d'aire effective A.

Dans le cadre du formalisme de Landauer-Büttiker, la densité de courant à travers une telle barrière, en considérant un unique canal de transmission, peut s'écrire :

$$j(\xi) = \frac{4\pi e}{\hbar} \int_{-\infty}^{+\infty} dE \, T(E, \xi) \int \frac{d^2 k_{\parallel}}{(2\pi)^2} \left[f(E + E_{\parallel}) - f(E + E_{\parallel} + \xi ew) \right] \qquad (6.2)$$

où E est l'énergie dans la direction de la jonction (axe x), $k_{\parallel}$ est le vecteur d'onde parallèle à la surface de la jonction, $E_{\parallel} = \hbar^2 k_{\parallel}^2 / 2m$, m est la masse effective des porteurs, $f(E)$ la fonction de Fermi et $T(E, \xi)$ le facteur de transmission de la barrière. La hauteur de la barrière étant de l'ordre du travail de sortie du métal, c'est-à-dire de l'ordre de l'électronvolt, le processus de transmission est essentiellement tunnel. Or dans ce cas, la transmission tunnel dans la queue de la fonction de Fermi est négligeable. On peut donc considérer des fonctions de Fermi abruptes (de type $T = 0$ K). L'équation 6.2 s'écrit alors :

---

[11]SHENG, « Fluctuation-induced tunneling conduction in disordered materials ».

$$j(\xi) = \frac{me}{8\pi^2\hbar^3} \int_{-\infty}^{+\infty} dE\ T(E,\xi)\ \Theta(E,\xi) \tag{6.3}$$

$$\text{avec}: \Theta(E,\xi) = \begin{cases} 0, & \text{si } E > 0 \\ -E, & \text{si } e\xi w < E < 0 \\ e\xi w, & \text{si } E < -\ e\xi w \end{cases}$$

Pour aller plus loin, il faut maintenant exprimer le facteur de transmission $T(E,\xi)$. Dans le cadre de l'approximation WKB [12] dite simplifiée (ou asymptotique), on peut l'écrire :

$$T(E,\xi) = \begin{cases} \exp\left(-2\chi \int_{x_g}^{x_r} \sqrt{\frac{V(x,\xi)-E}{V_0}} dx\right), & \text{si } E \leq V_m \\ 1, & \text{si } E > V_m \end{cases}$$

où $\chi = \sqrt{\frac{2\,m\,V_0}{\hbar^2}}$ est la constante tunnel et $V_m = max[V(x,\xi)]$ le maximum de la barrière d'énergie.

A ce stade, l'expression du courant obtenue ne dépend pas de la température puisqu'on a négligé l'activation thermique des porteurs. Afin d'introduire cette dépendance en température, nous allons prendre en compte l'activation thermique de champs électriques transitoires aux bornes de la jonction. En effet, le minuscule espace entre les tubes, représenté dans la figure 6.6, peut être modélisé comme un condensateur d'épaisseur w et de surface effective A, car il est constitué d'un isolant pris en sandwich entre deux éléments conducteurs. Grâce à l'agitation thermique, il peut y avoir un excès ou un déficit transitoire des charges aux surfaces de cette jonction induisant un champ électrique transitoire ξ_t à ses bornes. La probabilité d'apparition de ces fluctuations est décrite par une distribution de Boltzmann :

$$P(\xi_t, T) = \left(\frac{2Cw^2}{\pi k_B T}\right)^{1/2} \exp\left(-\frac{C(w\xi_t)^2}{2k_B T}\right) \tag{6.4}$$

où $C = A\epsilon/w$ est la capacité de la jonction et ϵ est sa permittivité. Ces fluctuations de champ électrique, en modifiant la forme de la barrière, vont influencer sa conductivité. La conductivité $\sigma(T)$ à la température T, est donc la somme sur toutes les fluctuations de champ ξ_t, de la conductivité sous un tel champ $\frac{\mathrm{d}j}{\mathrm{d}\xi}(\xi_t)$ pondérée par leur probabilité d'apparition $P(\xi_t, T)$:

$$\sigma(T) = \int_0^{+\infty} d\xi_t\ P(\xi_t, T)\ \frac{\mathrm{d}j}{\mathrm{d}\xi}(\xi_t) \tag{6.5}$$

Sheng a alors montré qu'au prix de quelques approximations, il est possible d'obtenir une expression analytique de la dépendance en température de $R_{sh}(T)$:

$$R_{sh}(T) \propto \exp\left(\frac{T_b}{T + T_s}\right) \tag{6.6}$$

---

[12]Wentzel–Kramers–Brillouin

avec :

$$T_b = \frac{C \ (w\xi_0)^2}{2k_B} \qquad \frac{T_b}{T_s} = \frac{\chi \ w \ \pi}{4} \tag{6.7}$$

où $\xi_0 = \frac{V_0}{we}$ est le champ nécessaire pour annuler la barrière (i.e. $max[V(x,\xi_0)] = 0$).

De telles expressions aident à comprendre la physique en jeu dans ce modèle. Lorsque $T \ll T_s$, les fluctuations thermiques du champ électrique ne sont pas capables de moduler la barrière. En conséquence, le transport est contrôlé uniquement par effet tunnel : $R_{sh} \propto e^{\chi w}$. Au contraire, quand $T \gg T_s$, R_{sh} est proportionnelle à $e^{C(w\xi_0)^2/2k_BT}$. Notons que cette expression ne représente pas l'activation thermique des porteurs au-dessus de la barrière, mais l'activation thermique de champ transitoire. En effet l'énergie $k_BT_b = C(w\xi_0)^2/2$ permet de supprimer la barrière (c.-à-d $max[V(x,\xi_0)] = 0$). Il a été démontré[13] que dans le cas d'un agencement complexe de tiges conductrices, les expressions des équations 6.6 et 6.7 restent encore valables si V_0, w, et A sont remplacés par leurs valeurs moyennes sur le réseau.

6.4.2   Application aux jonctions inter-tubes

La figure 6.7 représente dans un espace approprié la résistance de couche normalisée de l'échantillon H-US en fonction de la température (cercles bleus) entre 20K et 300K, accompagnée de son fit avec l'équation 6.6 (ligne cyan). Leur accord montre que l'équation 6.6 peut être utilisée pour décrire phénoménologiquement le transport dans les films de nanotubes de carbone. Néanmoins, l'adéquation entre les valeurs mesurées de T_b et T_b/T_s (respectivement $232K$, et 3.2 dans ce cas) avec les caractéristiques du matériau n'a jamais été étudiée.

Afin de vérifier qu'un mécanisme d'effet tunnel assisté par les fluctuations thermiques aux jonctions inter tubes peut effectivement décrire quantitativement le transport électrique dans des films de CNT, nous allons déterminer un jeu de paramètres, qui injecté dans les équations 6.6 et 6.7, permet de trouver le bon ordre de grandeur pour T_b et T_b/T_s. Nous supposons que la hauteur de la barrière est de $V_0 = 4.5$ eV, qui est le travail de sortie des nanotubes de carbone[14], que la permitivité de la barrière est celle du vide, et que la masse effective est $m = 0.1m_0$. Nous obtenons alors à partir des équations 6.7 et des valeurs expérimentales pour l'échantillon H-US de T_b et T_b/T_s que la largeur et l'aire de la jonction doivent être $w = 1.3$ nm et $A = (0.2)^2$ nm^2. A titre de comparaison, les valeurs reportées pour des jonctions formées de deux tubes isolés régis uniquement par les forces de Van der Waals[15],[16],[17] sont de l'ordre de 0.3 nm, ce qui doit être considéré comme une

---

[13]SHENG, « Fluctuation-induced tunneling conduction in disordered materials ».

[14]JACKSON et al., « Evaluation of Transparent Carbon Nanotube Networks of Homogeneous Electronic Type ».

[15]DUMLICH et al., « Nanotube bundles and tube-tube orientation: A van der Waals density functional study ».

[16]HAVU et al., « Effect of gating and pressure on the electronic transport properties of crossed nanotube junctions: formation of a Schottky barrier ».

[17]YOON et al., « Structural Deformation and Intertube Conductance of Crossed Carbon Nanotube Junctions ».

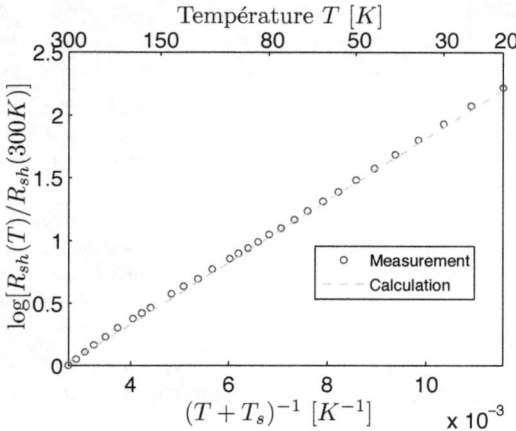

FIGURE 6.7 – Logarithme de la résistance de couche normalisée en fonction de $1/(T+T_s)$ pour l'échantillon H-US entre 20K et 300K ($T_s = 72K$). Cercle bleu : Mesure, Ligne cyan : Calcul avec la loi de Sheng (cf. eq. 5 et 6) avec les paramètres suivants : $V_0 = 4.5eV$, $w = 1.3nm$, $A = (0.2)^2 nm^2$.

valeur minimale. L'aire A obtenue peut correspondre à la section transversale effective de la capacité à l'intersection entre deux nanotubes. Ceci corrobore fortement qu'un mécanisme d'effet tunnel assisté par les fluctuations thermiques, adapté pour les jonctions inter-tubes, peut décrire le transport à travers un film de nanotubes de carbone.

6.5 Discussion sur les mécanismes de transport dans les films de CNT

6.5.1 Comparaison des échantillons

La dépendance de la résistance de couche avec la température des autres échantillons est également bien décrite par l'équation 6.6. Ceci indique que le mécanisme de transport est le même dans tous les films de CNT de notre panel. Les valeurs extraites de T_b et T_b/T_s sont reportées dans le tableau 6.3. Au premier ordre, les valeurs des paramètres extraits sont du même ordre de grandeur, et les légères différences observées semblent être corrélées seulement à l'origine des tubes.

En particulier, parmi les trois échantillons fabriqués à partir de tubes NanoIntegris, présentant différents ratios de tubes métalliques et semi-conducteurs, aucune différence manifeste sur le paramètre lié à l'effet tunnel (c-à-d T_b/T_s) ou sur celui lié à l'activation de

Echantillon	L_{tubes} [μm]	%SC/%M	Method de fab.	ρ_{tubes}	R_{sh}	T_b [K]	T_b/T_s
H-US	0.1-1	66/33	Filtration	ρ_F	$4.4.10^3$	232	3.2
NI-US	1	66/33	Filtration	ρ_F	$5.8.10^2$	59	2.7
NI-M	0.5	10/90	Filtration	ρ_F	$2.1.10^3$	87	1.8
NI-SC	1	90/10	Filtration	ρ_F	$5.9.10^2$	88	2.2
CMC-SC1	0.8	90/10	Spray	$\rho_S < \rho_F$	$4.0.10^4$	280	4.2
CMC-SC2	0.8	90/10	Spray	$\rho_S/2$	$1.4.10^5$	294	4.9

TABLE 6.3 – Listes des films de CNT et de leurs paramètres de transport

champ électrique transitoire (c-à-d T_b) n'est observée, ce qui suggère que les propriétés des barrières ne sont pas influencées. En conséquence, puisque les résistances de couche (après avoir pris en compte la différence de longueur des tubes) sont également les mêmes, cela signifie que les densités de porteurs au niveau de Fermi doivent être semblables pour les tubes métalliques et semi-conducteurs, ce qui est contraire à l'intuition.

6.5.2   Conducteurs 1D, dopage et densité de porteurs

Récemment plusieurs groupes ont étudié l'influence des caractéristiques électriques des tubes, et du dopage sur les propriétés électriques et optiques[18],[19],[20], dans le but de trouver la meilleure configuration pour réaliser des électrodes transparentes. Comme l'indique la figure 6.8.a, extraite des travaux de Blackburn et al., la résistivité pour les films non traités dépend relativement peu de la fraction de tubes métalliques. La courbe présente même un léger minimum pour des fractions de l'ordre de 30%. Le même comportement est observé après traitement à l'hydrazine, mais la résistivité est légèrement supérieure. De plus cette dernière augmente plus pour les films fortement enrichis en tubes semi-conducteurs que pour les films fortement enrichis en tubes métalliques. Le traitement de films similaires avec des dopants tels que HNO_3^- et $SOCl_2^-$ induit au contraire une forte baisse de la résistivité. Là encore ce changement est beaucoup plus fort pour les films enrichis en tubes métalliques. En effet pour des films enrichis en tubes semi-conducteurs, la résistivité après traitement à l'hydrazine est 100 fois celle après traitement oxydant, alors que seulement un facteur 4 est observé pour des films enrichis en tubes métalliques.

Les auteurs, en couplant ces mesures de résistivité avec une étude spectroscopique des singularités de Van Hove, et des calculs de densité d'états (Cf. figure 6.9) ont pu proposer l'explication suivante : Les films non traités et donc soumis à la présence de l'oxygène (dopant oxydant) sont légèrement dopés p. Le niveau de Fermi se trouve alors pour les semi-conducteurs sous la première transition de Van Hove. En conséquence la densité de porteurs au niveau de Fermi est comparable à celle des tubes métalliques. En présence de dopant oxydant introduit volontairement (HNO_3^- ou $SOCl_2^-$), le niveau de Fermi dans les tubes semi-conducteurs peut même être abaissé sous la deuxième transition de Van Hove. Ces

[18] JACKSON et al., « Evaluation of Transparent Carbon Nanotube Networks of Homogeneous Electronic Type ».

[19] BARNES et al., « Reversibility, Dopant Desorption, and Tunneling in the Temperature-Dependent Conductivity of Type-Separated, Conductive Carbon Nanotube Networks ».

[20] BLACKBURN et al., « Transparent Conductive Single-Walled Carbon Nanotube Networks with Precisely Tunable Ratios of Semiconducting and Metallic Nanotubes ».

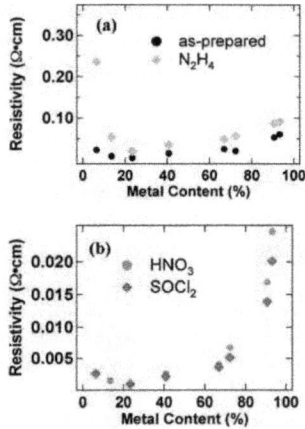

FIGURE 6.8 – Résistivité de films de CNT en fonction de la fraction de tubes métalliques pour des films, d'une part (a) non traités ou traités à l'hydrazyne, et d'autre part (b) dopés avec HNO_3^- ou avec $SOCl_2^-$ (Courbes extraites de Blackburn et al.)

dopages ne sont en revanche pas capables de faire passer le niveau de Fermi dans la première singularité des tubes métalliques. Un traitement à l'hydrazine, de même que des recuits, sont connus pour dé-doper les films, et permettent de retrouver les propriétés intrinsèques des tubes.

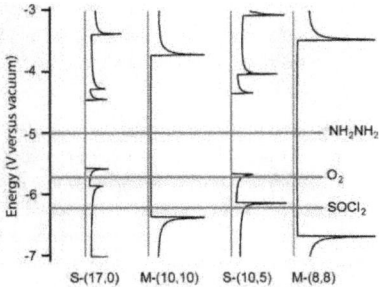

FIGURE 6.9 – Densité d'état calculée par rapport à l'énergie du vide, pour deux tubes semi-conducteurs et deux tubes métalliques. Les lignes rouges représentent la position du niveau de Fermi pour différents dopages

Ceci montre que le caractère uni-dimensionnel des tubes oblige à reconsidérer les concepts usuels de "métal" et de "semi-conducteur". En effet ces derniers peuvent avoir, en présence de dopage, une densité d'état au niveau de Fermi plus forte que celle des premiers. Ces considérations permettent donc d'expliquer la faible différence de conductivité entre films dopés par l'air, enrichis en tubes métalliques et enrichis en tubes semi-conducteurs, et la très forte baisse de la conductivité de ces derniers en cas de fort dopage oxydant.

6.5.3   Influence des états de surface sur les barrières

Blackburn et al.[21], et Barnes et al.[22] ont montré que, outre la modification de la densité de porteurs, le dopage influence la transmission des barrières principalement via une réduction de T_b, et que cet effet est plus fort sur les tubes semi-conducteurs. Ils attribuent cette baisse à une diminution de la barrière potentiel causée par des champs électriques locaux constants induits par les molécules adsorbées. Néanmoins, cette explication n'est pas compatible avec les valeurs de T_b/T_s qu'ils reportent et qui sont à peu près constantes : 7 ± 1. En effet cela signifie (voir l'équation 6.7) que la constante tunnel χ n'est pas influencée, de sorte que la hauteur de la barrière V_0 et sa largeur w ne sont pas modifiées. Les diminutions observées de T_b ne peuvent donc pas être dues à une diminution de la hauteur de la barrière. Notre modèle, en revanche, indique qu'une modification de la capacité C due à l'adsorption de dopants pourrait affecter l'activation thermique de champs électriques transitoires aux bornes de la barrière. Une telle modification des états de surface des tubes peut expliquer les variations de T_b reportées par Barnes et al., ainsi les variations observées entre les tubes d'origines différentes au sein de notre panel. Toutefois, de telles variations de T_b devraient avoir peu d'impact sur la valeur de la résistance de couche, car à température ambiante, celle-ci est une fonction faiblement dépendante de T_b (voir l'équation 6.6). Cependant d'après Blackburn, Barnes, et Jackson et al. la variation de la densité de porteurs ne peut expliquer, seule, les variations de résistance observées. Il est donc possible que les dopants influent sur le nombre de canaux de transmission des barrières (i.e. sur le pré-facteur de l'exponentielle dans l'équation 6.6).

En conclusion, la valeur de la résistance de couche des films de CNT est contrôlée principalement par trois facteurs : (1) la densité de porteurs au niveau de Fermi, qui est une fonction de la chiralité des tubes et du niveau de dopage, (2) le nombre de barrières que ces porteurs ont à traverser, qui est régi par la percolation et dépend fortement de la longueur des tubes, (3) la transmission de ces barrières (et non leur hauteur qui semble constante). Si elles présentent des variations (causées par le dopage, qui influence les champs transitoires au niveau des jonctions), les valeurs de T_b ont peu d'influence sur celle de la résistance de couche à température ambiante, mais ont plus d'impact sur sa dépendance avec la température comme nous le verrons dans le paragraphe suivant.

---

[21]BLACKBURN et al., « Transparent Conductive Single-Walled Carbon Nanotube Networks with Precisely Tunable Ratios of Semiconducting and Metallic Nanotubes ».
[22]BARNES et al., « Reversibility, Dopant Desorption, and Tunneling in the Temperature-Dependent Conductivity of Type-Separated, Conductive Carbon Nanotube Networks ».

6.6   Temperature Coefficient of Resistance

Comme nous l'avons expliqué au paragraphe 3.3.1), la TCR[23] est la figure de mérite couramment utilisée pour comparer les matériaux thermomètres. Nos caractérisations du transport d'un large panel d'échantillons permettent d'estimer sa valeur pour les films de CNT, et de dégager des tendances. Étant donné que le mode de transport dans les échantillons est identique, on s'attend à peu de différences sur les valeurs de la TCR. Ceci est confirmé par le tableau 6.4. En effet, les TCR des trois films NanoIntegris sont dans la gamme $-0,06\%K^{-1}$, légèrement inférieure à celle des trois autres films qui présentent des valeurs proches de $-0,2\%K^{-1}$. En effet, la TCR est au premier ordre proportionnelle aux valeurs de T_b, puisque à température ambiante :

$$TCR = -\frac{T_b}{(300 + T_s)^2} \qquad (6.8)$$

Echantillon	%SC/%M	Method de fab.	ρ_{tubes}	R_{sh}	T_b [K]	T_b/T_s	TCR [%/K]
H-US	66/33	Filtration	ρ_F	$4.4.10^3$	232	3.2	-0.17
NI-US	66/33	Filtration	ρ_F	$5.8.10^2$	59	2.7	-0.06
NI-M	10/90	Filtration	ρ_F	$2.1.10^3$	87	1.8	-0.07
NI-SC	90/10	Filtration	ρ_F	$5.9.10^2$	88	2.2	-0.08
CMC-SC1	90/10	Spray	$\rho_S < \rho_F$	$4.0.10^4$	280	4.2	-0.2
CMC-SC2	90/10	Spray	$\rho_S/2$	$1.4.10^5$	294	4.9	-0.2

TABLE 6.4 – Listes des films de CNT, de leurs paramètres de transport et de leurs TCR

La plus grande valeur de TCR observée dans notre panel est de $-0,2\%K^{-1}$ ce qui est du même ordre que les meilleures valeurs précédemment publiées[24],[25],[26],[27],[28],[29],[30] comme le montre le tableau 6.5.

Publication	TCR [%/K]
Koechlin et al.	-0.2
Itkis et al.	$\simeq -0.2$
Lu et al.	$\simeq [-0.2, -0.4]$
Lu et al.	-0.27
Lu et al.	-0.2
Barnes et al.	-0.18
Gohier el al.	-0.19

TABLE 6.5 – TCR des films de nanotubes de carbone reportées dans la littérature.

---

[23]$TCR = (1/R)(dR/dT)$

[24]KOECHLIN et al., « Potential of carbon nanotubes films for infrared bolometers ».

[25]ITKIS et al., « Bolometric Infrared Photoresponse of Suspended Single-Walled Carbon Nanotube Films ».

[26]LU et al., « Effects of thermal annealing on noise property and temperature coefficient of resistance of single-walled carbon nanotube films ».

[27]LU et al., « Suspending single-wall carbon nanotube thin film infrared bolometers on microchannels ».

[28]LU et al., « A comparative study of 1/ f noise and temperature coefficient of resistance in multiwall and single-wall carbon nanotube bolometers ».

[29]BARNES et al., « Reversibility, Dopant Desorption, and Tunneling in the Temperature-Dependent Conductivity of Type-Separated, Conductive Carbon Nanotube Networks ».

[30]GOHIER et al., « All-printed infrared sensor based on multiwalled carbon nanotubes ».

Comme déjà évoqué, le dopage s'avère efficace pour moduler la valeur de T_b d'un film donné. Ainsi les dé-dopages, à base de recuit thermique ou de traitement à l'hydrazine, permettent généralement d'augmenter la T_b et donc la TCR. Le caractère métallique ou semi-conducteur des tubes ne semble pas avoir d'influence directe sur la TCR, si ce n'est que ces derniers, étant plus sensibles aux dopages, sont susceptibles d'avoir des TCR plus faibles. Enfin certains auteurs[31] ont observé que près du seuil de percolation, c.-à-d. pour des films très minces (typiquement 10nm), la TCR augmente, sans toutefois expliquer pourquoi.

Si on s'en fie à notre modèle (Cf. équation6.6), une amélioration de la TCR est possible via T_b, en augmentant entre autres V_0 et/ou ϵ (par exemple en incorporant les tubes dans une matrice isolante). Néanmoins l'équation 6.8 où T_b apparaît à la fois au numérateur et au dénominateur à travers T_s montre que la TCR présentera en fait un optimum.

6.7 Conclusion

Nous avons ainsi étudié le transport dans un panel de films de CNT produits de différentes manières avec des tubes de différentes sources, et avec des caractéristiques électriques (métalliques ou semi-conductrices) différentes.

Il apparaît que dans ce matériau complexe, fait d'une assemblée de conducteurs 1D reliés entre eux par des jonctions, le transport est régi par trois facteurs :

- La densité de porteurs présents dans ces conducteurs 1D.

- La transmission de ces porteurs à travers les barrières que constituent les jonctions entre ces conducteurs.

- La percolation à travers le réseau.

La densité de porteurs dans les tubes est déterminée par le caractère électrique du tube (qui influe sur la densité d'états), et par le dopage (qui influe sur la position du niveau de Fermi). Le caractère unidimensionnel des tubes, et la densité d'états spécifique associée, font que les concepts usuels de "métal" et de "semi-conducteur" doivent être revisités, ces derniers pouvant avoir plus d'états au niveau de Fermi que les premiers en présence de dopants oxydants. Le dopage permet donc de moduler de plusieurs ordres de grandeur la résistance de couche des films de CNT enrichis en tubes semi-conducteurs.

Le transport à travers les jonctions tubes/tubes a pu être décrit quantitativement grâce à un modèle d'effet tunnel assisté par les fluctuations thermiques, dont la signature est la dépendance avec la température de la résistance de couche. Ce sont donc les propriétés de ces jonctions qui fixent la TCR. Le dopage est capable d'affecter ces jonctions, principalement semble-t-il en modifiant la probabilité d'apparition des fluctuations thermiques ou le nombre de canaux de transmission.

---

[31]Lu et al., « A comparative study of 1/ f noise and temperature coefficient of resistance in multiwall and single-wall carbon nanotube bolometers ».

Enfin la percolation à travers le réseau gouverne les lois d'échelle géométriques pour les faibles épaisseurs de films. Elle a aussi pour conséquence d'imposer une relation non linéaire entre la résistance de couche et la longueur des tubes. Cette dernière est déterminante puisqu'elle fixe le nombre de jonctions que les porteurs ont à traverser.

Ces résultats sont utiles pour la conceptions de dispositifs à base de nanotubes de carbone. Ainsi pour la réalisation d'électrodes transparentes qui passent par une minimisation de la résistance de couche, il apparaît donc intéressant d'utiliser des tubes longs, (pour minimiser le nombre de jonctions), semi-conducteurs et dopés (pour maximiser la densité de porteurs, et la transmission des barrières). La réalisation de bolomètres nécessite des valeurs élevées de la TCR. Les tubes dé-dopés, quel que soit leur caractère électrique, apparaissent comme les meilleurs candidats. Néanmoins les TCR obtenues ne semblent pas dépasser quelques dixièmes de $\%K^{-1}$, c'est-à-dire proches de celles observées pour les métaux (à titre d'exemple la TCR du platine est de l'ordre de $0.2\%K^{-1}$), mais loin des $2\%K^{-1}$ des matériaux actuellement utilisés en bolométrie.

Chapitre
7
Etude du bruit

Sommaire

L e potentiel des films de CNT est actuellement étudié pour différents types de capteurs, notamment pour la détection de gaz (à l'ONERA et à TRT[1]), ou les imageurs infrarouges. Pour de telles applications, une des figures de mérite importantes, en plus de la réponse, est le niveau de bruit, qui détermine le plus petit signal détectable. Depuis qu'il a été rapporté que les films de CNT présentent des niveaux de bruit $1/f$ élevés[2], divers auteurs ont étudié[3][4][5][6][7][8] son origine, et sa dépendance avec les paramètres géométriques.

Nous proposons ici une étude expérimentale du bruit $1/f$ dans notre panel de films de CNT, et sa quantification en terme de figures de mérite intrinsèques au matériau. Les lois d'échelle observées seront comparées aux résultats théoriques et expérimentaux déjà reportés dans la littérature. Ces travaux ont été soumis au Journal of Applied Physics[9].

---

[1] BONDAVALLI et al., « Highly selective CNTFET based sensors using metal diversification methods ».
[2] COLLINS et al., « 1/f noise in carbon nanotubes ».
[3] SNOW et al., « 1/ f noise in single-walled carbon nanotube devices ».
[4] LU et al., « Effects of thermal annealing on noise property and temperature coefficient of resistance of single-walled carbon nanotube films ».
[5] LU et al., « A comparative study of 1/ f noise and temperature coefficient of resistance in multiwall and single-wall carbon nanotube bolometers ».
[6] SOLIVERES et al., « 1/f noise and percolation in carbon nanotube random networks ».
[7] BEHNAM et al., « Percolation scaling of 1/f noise in single-walled carbon nanotube films ».
[8] BEHNAM et al., « Temperature-dependent transport and 1/f noise mechanisms in single-walled carbon nanotube films ».
[9] KOECHLIN et al., « Electronic transport and noise study of a wide panel of carbon nanotube films ».

7.1   Mesures de bruit

7.1.1   Dispositif expérimental

Afin de mesurer le bruit $1/f$ dans les films de CNT, j'ai dû mettre en place à l'ONERA un banc de mesure adéquat. La difficulté principale dans ce type de mesure est d'être certain de ne mesurer que le bruit de l'échantillon. Afin de s'en assurer, deux méthodes sont efficaces. Premièrement, faire varier des paramètres sur le dispositif (typiquement une dimension) et des paramètres appliqués extérieurs (typiquement la tension) et vérifier que le bruit suit les bonnes tendances. Deuxièmement, remplacer le dispositif mesuré par une référence de bruit connue ou négligeable pour s'assurer de la provenance des signaux observés. Enfin je souhaitais que ces mesures puissent éventuellement être faites en température.

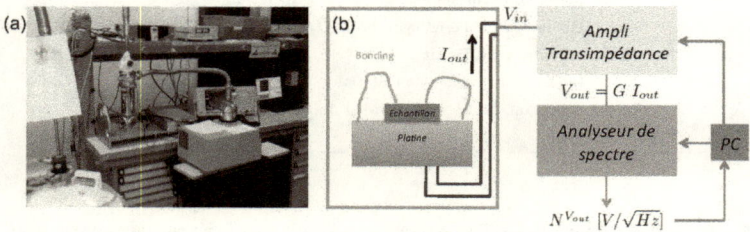

FIGURE 7.1 – (a) Photo du banc de mesure de bruit, automatisé et contrôlé en température développé. On reconnaît le cryostat, l'analyseur de spectre, l'ordinateur de contrôle, ainsi que la pompe, le contrôleur de température et la bouteille d'azote (b) Schéma de la l'expérience.

Les dispositifs précédemment collés et connectés sur des platines sont insérés dans mon cryostat qui sert en même temps de blindage. Nous souhaitons pouvoir mesurer les spectres de bruit en courant N^I, pour différentes tensions appliquées V_{in} (et donc pour différents niveaux de courant les traversant $I = V_{in}/R$, où R est la résistance du dispositif). Un amplificateur transimpédance ($Keithley$ 428) est utilisé pour appliquer la polarisation V_{in}, et amplifier le courant résultant I avec un gain ajustable G. L'avantage de cet appareil est qu'il est analogique (réponse spectrale connue, et plate aux fréquences étudiées, typiquement ≤ 1 kHz) et pilotable. Il délivre donc une tension $V_{out} = G\,I$ à un analyseur numérique FFT (marque $Ono\ Sokki$) qui en extrait la densité spectrale N^V (exprimée en $[V/\sqrt{Hz}]$). Un ordinateur, qui pilote aussi l'amplificateur, le récupère. Une photo et un schéma de l'expérience sont représentés figure 7.1. Afin d'assurer la qualité des spectres, ceux-ci sont acquis 200 fois puis moyennés. L'avantage de cette expérience est que l'on peut demander la mesure d'un certain nombre de spectres (pour différentes tensions, ou températures), ce qui est très long, sans avoir à intervenir.

7.1.2 Spectres de bruit

La figure 7.2 montre les spectres de bruit en courant $N^I = N^V/G$ (exprimés en $[A/\sqrt{Hz}]$) mesurés (à pression atmosphérique) d'un des dispositifs ($W = 20\mu m$, $L = 10\mu m$, $R_{i,j} = 3279\Omega$) de l'échantillon H-US, pour des fréquences f entre 10 Hz et 1000 Hz, et différentes tensions V_{in}. Il apparaît que l'on observe très majoritairement du bruit $1/f$. En effet le bruit de Johnson de ce dispositif typique est à ces fréquences beaucoup plus faible : $N_J^I = \sqrt{4kT/R} = 2.2 \times 10^{-12} A/\sqrt{Hz}$.

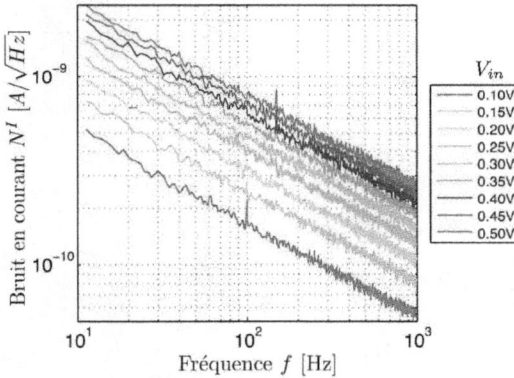

FIGURE 7.2 – Spectres de bruit d'un dispositif typique ($W = 20\mu m$, $L = 10\mu m$, $R_{i,j} = 3279\Omega$) de l'échantillon H-US pour diverses tensions appliquées.

La densité spectrale de puissance du bruit $1/f$, $N_{1/f}^{I}{}^{2}$ peut être décrite phénoménologiquement (cf. § 2.3.4) par :

$$N_{1/f}^{I}{}^{2} = \frac{K_f I^2}{f} \tag{7.1}$$

où K_f est un paramètre intrinsèque au dispositif.

Afin de caractériser chacun des dispositifs à notre disposition, nous souhaitons extraire K_f de ces courbes et ainsi se débarrasser de l'influence de f et I (c.-à-d. de V_{in}). Pour ce faire, j'ai mis en place la procédure suivante : Pour chaque tension appliquée V_{in}, nous fittons $N^I(f)$ avec une loi du type $\beta/\sqrt{f}$, afin d'en extraire le paramètre β. Ce dernier est représenté sur la figure 7.3 (cercles rouges) et apparaît proportionnel au courant circulant dans le dispositif ($I = V_{in}/R_{i,j}$). D'après l'équation 7.1, $\beta = \sqrt{K_f}I$, et donc K_f qui est intrinsèque au dispositif étudié peut effectivement être extrait par un fit linéaire (ligne bleue).

Nous souhaitons à présent essayer de comprendre l'origine de ce bruit $1/f$, et la manière dont il dépend des paramètres géométriques. En effet K_f est généralement une fonction de la dimension des dispositifs considérés et n'est donc pas intrinsèque à la couche de matériau

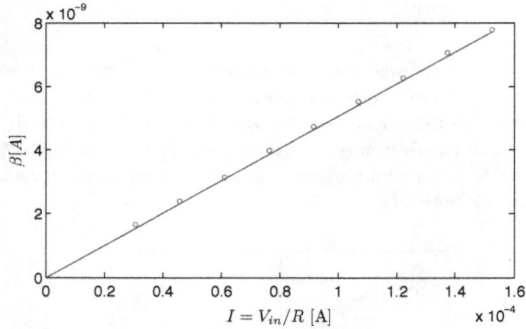

FIGURE 7.3 – Tracé de β (défini tel que $N^I(f) = \beta/\sqrt{f}$) en fonction du courant I traversant le même dispositif que sur la figure précédente.

étudié.

7.2   Origine du Bruit $1/f$

7.2.1   Dépendance en $1/f$

Le bruit $1/f$ se rencontre dans un très grand nombre de systèmes et de matériaux (aussi bien métallique que semi-conducteur) et est attribué à des fluctuations de la conductivité. Aucun mécanisme universel ni modèle n'ont été identifiés pour expliquer et décrire sa présence. Notons que la présence de fort niveau de bruit $1/f$ est courante dans les assemblées désordonnées de nano-matériaux[10]. Nous allons néanmoins présenter un modèle simple permettant d'introduire une dépendance en $1/f$, dans l'hypothèse où le bruit provient de fluctuations du nombre de porteurs activées thermiquement[11].

Considérons un processus qui engendre des fluctuations aléatoires de la densité de porteurs (par exemple des pièges) avec un temps caractéristiques τ_i, dont le spectre est donné par une Lorentzienne : $S(f) \propto \tau/[(2\pi f\tau)^2 + 1]$. Si ces fluctuations d'énergie E sont activées thermiquement, on peut écrire $\tau = \tau_0 \exp(E/k_BT)$ où τ_0 est le temps caractéristique d'activation (généralement l'inverse d'une fréquence phonon dans les solides). Considérons maintenant que la distribution des énergies d'activation E à travers l'échantillon est donnée par $g(E)$. Le bruit s'écrit alors :

$$S(f,T) \propto \int_0^\infty \frac{\tau_0 e^{E/k_BT}}{(2\pi f\tau_0)^2 e^{2E/k_BT} + 1} g(E)dE \qquad (7.2)$$

---

[10]LHUILLIER et al., « Thermal properties of mid-infrared colloidal quantum dot detectors ».
[11]HOOGE, « 1/f noise sources ».

qui, après intégration et un développement limité à l'ordre 1 (en supposant $g(E)$ large devant $k_B T$), donne :

$$S(f,T) \propto \frac{k_B T}{f} g(\tilde{E}) \qquad (7.3)$$

où $\tilde{E} = -k_B T \ln(2\pi f \tau_0)$. Si $g(E)$ est une constante, on obtient bien du bruit $1/f$ pur.

On peut donc introduire le bruit $1/f$ comme la somme de sources de bruits indépendantes décrites par des distributions Lorentziennes. Afin d'essayer de trouver une signature du mécanisme physique de ces sources, nous avons effectué des mesures du bruit en fonction de la température.

7.2.2 Mesure du bruit en fonction de la température

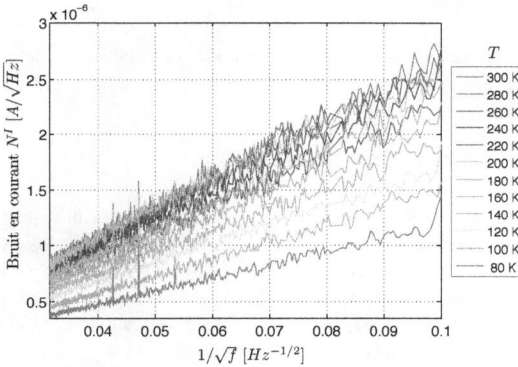

FIGURE 7.4 – Bruit du courant N^I circulant à travers un dispositif ($W = 100\mu$m, $L = 5\mu$m, $R = 543\Omega$) de l'échantillon H-US pour $V_{in} = 0,5V$ en fonction de $1/\sqrt{f}$ à différentes températures.

En effet, nous avons mesuré les spectres de bruit d'un dispositif typique ($W = 100\mu$m, $L = 5\mu$m, $R = 543\Omega$) du même échantillon (H-US) à une polarisation constante $V_{in} = 0,5V$ et à diverses températures. Les spectres de bruit en courant obtenus sont représentés sur la figure 7.4 en fonction de $1/\sqrt{f}$.

Aucune variation de l'exposant dans la loi de puissance en $1/f^\gamma$ du bruit, n'est observée en fonction de la température (i.e. γ =0,5). Néanmoins il apparaît que lorsque l'échantillon est refroidi de 300K à 80K, le bruit N^I, et sa pente en fonction de $1/\sqrt{f}$ diminuent. Ce comportement n'est pas une signature directe des mécanismes de bruit mais est dû à la diminution du courant I qui circule dans le dispositif. En effet le mécanisme de transport aux barrières intertubes impose une augmentation de la résistance (Cf. figures 6.4). Afin de s'affranchir de cette variation de la résistance du dispositif, pour chaque spectre, les valeurs extraites de K_f ont été représentées sur la figure 7.5. On remarque une légère baisse (facteur

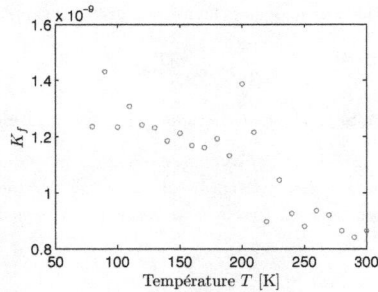

FIGURE 7.5 – K_f extraits de chaque spectre de la figure précédente en fonction de la température.

1.6) avec l'augmentation de la température entre 80K et 300K qui est donc une signature du mécanisme de bruit à l'œuvre dans ce film.

7.2.3 Discussion sur l'origine du bruit $1/f$

Récemment, Behnam et al.[12] ont effectué des mesures cryogéniques du bruit et du transport. Ils ont observé, à basse température (T <40K), pour un de leur dispositifs, que K_f diminue avec la température T suivant une loi de puissance qu'ils attribuent à un comportement de type VRH[13]. À plus haute température, ils observent un pic de K_f/T en fonction de la température T de un ordre de grandeur et des fluctuations de l'exposant dans la loi de puissance en $1/f^\gamma$ du bruit, en fonction de la température.

Les auteurs expliquent ce comportement grâce au formalisme DDH[14]. Ces derniers introduisent une distribution $g(E)$ des énergies d'activation E non constante. Ainsi d'après l'équation 7.3, $K_f/T \propto g(\tilde{E})$ est une fonction de $\tilde{E} = -k_B T \ln(2\pi f \tau_0)$ et donc de T. Ce pic dans $g(E)$ est expliqué par les fluctuations de charges piégées dans l'oxyde situé en-dessous de leur film. Le fait que $g(E)$ ne soit plus une constante engendre également d'après l'équation 7.3, une fluctuation dans la loi de puissance en $1/f^\gamma$:

$$\gamma(f,T) = 1 - \frac{1}{\ln(2\pi f \tau)} \left[\frac{\partial \ln S}{\partial \ln T} - 1 \right] \qquad (7.4)$$

Ce comportement du bruit $1/f$ qui serait induit par le piégeage de charge n'est pas cohérent avec nos résultats puisque pour les mêmes températures nous n'observons aucun pic aussi marqué que le leur, ni variation de γ. Les fluctuations de charges piégées dans

---

[12]BEHNAM et al., « Temperature-dependent transport and $1/f$ noise mechanisms in single-walled carbon nanotube films ».
[13]Variable Range Hopping
[14]DUTTA et al., « Energy Scales for Noise Processes in Metals ».

l'oxyde ainsi que le mécanisme VRH ne peuvent donc pas expliquer le bruit $1/f$ dans nos échantillons.

Behnam et al.[15] (avant de publier leurs résultats expérimentaux[16] auxquels nous nous sommes comparés) et Soliveres et al.[17] se sont intéressés d'un point de vue théorique aux lois d'échelle du bruit $1/f$ dans les films de CNT. Ils ont établi que la percolation à travers le réseau de CNT ne contrôle pas seulement les lois d'échelle des phénomènes de transport, mais également celles du bruit $1/f$. En outre, Behnam et al. ont utilisé ces lois d'échelle pour montrer que les jonctions tube-tube dominent le bruit $1/f$. La décroissance que nous observons de K_f avec T est donc probablement une signature du mécanisme d'effet tunnel assisté par les fluctuations thermiques aux barrières, comme cela a déjà été observé pour des mécanismes de transport similaires[18][19][20][21]. Nous allons à présent nous intéresser à la manière dont le bruit $1/f$ observé dépend des paramètres géométriques et comparer les niveaux de bruit dans notre panel d'échantillon à la lumière des précédentes observations.

7.3 Quantification du Bruit $1/f$

7.3.1 Influence du volume de matériau

Il est connu que K_f dans un matériau massif est généralement proportionnel à l'inverse du nombre de porteurs, et donc à l'inverse du volume de matériau. Cette loi phénoménologique porte le nom de loi de Hooge, ce dernier l'ayant mise en évidence[22]. Ce phénomène est une limitation lorsque l'on cherche à réduire la taille de pixel bolométrique, ou de tout autre détecteur présentant du bruit $1/f$. Cela signifie que, afin de caractériser et de comparer le niveau de bruit de couches de matériau, K_f n'est pas la bonne figure de mérite, et qu'il faut s'affranchir de cette dépendance (ou comparer uniquement des couches à nombre de porteurs et/ou volume constant).

Puisque, dans les films de CNT, la résistance de couche est contrôlée par les jonctions et la percolation, on peut se demander si cette loi d'échelle sur le bruit est encore valable dans de tels systèmes complexes où les jonctions semblent dominer. Nous proposons donc de nous focaliser sur la manière dont le bruit $1/f$ dépend des paramètres géométriques tels que L, W, L_{tubes}, et ρ_{tubes}. Étant donné que dans notre panel de films de CNT, les dimensions du dispositif (c.-à-d la percolation) rendent R_{sh} indépendante de W et L, mais pas de ρ_{tubes},

---

[15]BEHNAM et al., « Percolation scaling of $1/f$ noise in single-walled carbon nanotube films ».

[16]BEHNAM et al., « Temperature-dependent transport and $1/f$ noise mechanisms in single-walled carbon nanotube films ».

[17]SOLIVERES et al., « 1/f noise and percolation in carbon nanotube random networks ».

[18]LHUILLIER et al., « Thermal properties of mid-infrared colloidal quantum dot detectors ».

[19]KOZUB, « Low frequency noise due to site energy fluctuation in hopping conductivity ».

[20]CELASCO et al., « Electrical conduction and current noise mechanism in discontinuous metal films. I. Theoretical ».

[21]CELASCO et al., « Electrical conduction and current noise mechanism in discontinuous metal films. II. Experimental ».

[22]HOOGE, « $1/f$ noise is no surface effect ».

nous proposons de vérifier que K_f peut être phénoménologiquement exprimé comme suit :

$$K_f = \frac{\alpha^{sh}}{WL} \tag{7.5}$$

où α^{sh} est intrinsèque au film utilisé et ne dépend pas des dimensions du dispositif (c.-à-d. W et L).

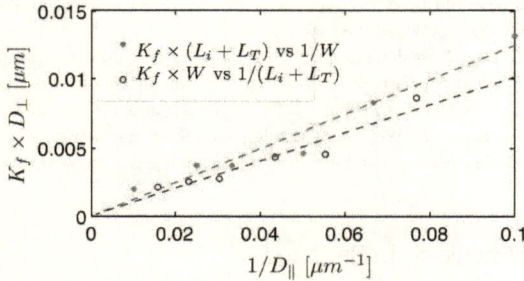

FIGURE 7.6 – Dépendance de K_f en fonction de $1/W_j$ (pour $L_i = 10\mu$m) et de $1/(L_i + L_T)$ (pour $W_j = 100\mu$m) pour deux séries de dispositifs de l'échantillon H-US

La même procédure pour l'extraction de K_f que celle précédemment décrite (Cf. § 7.1) a été appliquée à deux séries de dispositifs de l'échantillon H-US : une où $L_i = 10\mu$m et W_j est variable, et une autre où au contraire W_j est constante (100μm) et L_i est variable. La figure 7.6 représente K_f multiplié par la dimension constante $D_\perp$ (W_j ou L_i) par rapport à l'inverse de la dimension variable $D_\parallel$ (respectivement L_i et W_j). Notons que dans l'expression de L, la longueur de transfert L_T extraite par la méthode TLM pour chaque ensemble est ajoutée à L_i : Cela permet de prendre en compte le fait que la distance parcourue dans cette direction par les porteurs est plus grande que L_i, car ils sont généralement absorbés par les électrodes sur une longueur typiquement égale à $L_T/2$. On observe sur la figure fig :figKfWL que $K_f \times D_\perp$ croît effectivement linéairement avec $1/D_\parallel$, et que le comportement est à peu près le même que ce soit une variation de W ou de L. Ceci confirme expérimentalement la pertinence de l'utilisation de l'équation 7.5 pour décrire nos films de CNT quand les dimensions font que le film est suffisamment loin de la percolation (i.e. quand R_{sh} est indépendant de W et L comme dans nos mesures).

7.3.2   Comparaison des niveaux de bruits entre échantillons

Les spectres de bruit de chacun de nos échantillons ont été mesurés pour des ensembles de longueurs L_i variables et de largeur W constante. Afin de comparer le niveau de bruit entre ces échantillons, le même protocole que décrit précédemment (voir la figure 7.6) a été successivement appliqué à chacun d'entre eux. Les valeurs de α^{sh} obtenues selon l'équation 7.5 : $\alpha^{sh} = W \frac{dK_f}{d(1/L)}$ sont reportées dans le tableau 7.1.

Échantillon	L_{tubes} [μm]	ρ_{tubes}	$100 \times \alpha^{sh}$ [μm^2]
H-US	0.1-1	ρ_F	10
NI-US	1	ρ_F	7.4
NI-M	0.5	ρ_F	9.6
NI-SC	1	ρ_F	5.1
CMC-SC1	0.8	$\rho_S < \rho_F$	23
CMC-SC2	0.8	$\rho_S/2$	83

TABLE 7.1 – Valeurs de α^{sh} pour notre panel de films de CNT.

Comme prévu par la loi de Hooge, les deux échantillons minces déposés par pulvérisation présentent des valeurs de α^{sh} plus élevées que les autres. On peut remarquer que, malgré le facteur 2 dans leurs densités massiques de surface ρ_{tubes}, CMC-SC2 est 3,6 fois plus bruyant que CMC-SC1. La percolation, qui, comme on l'a vu ci-dessus (cf. Tableau 6.2) conduit à un rapport de 3,5 dans leur résistance de couche, peut aussi expliquer un tel ratio, comme cela a été montré théoriquement par Behnam et al.[23] et expérimentalement par Soliveres et al.[24].

Par ailleurs, les quatre échantillons préparés par filtration avec les même densités massiques de surface ρ_F, présentent des α^{sh} dans la même gamme. Il apparaît que les caractéristiques électriques (c.-à-d métallique ou semi-conducteur) des tubes ne semblent pas avoir d'effet notable. Dans le chapitre précédent (voir § 6.5), nous avons montré que les échantillons à base de tubes Nano-Integris présentent la même densité de porteurs. Si on se fie à la loi de Hooge, il n'est donc pas surprenant qu'ils présentent le même niveau de bruit $1/f$.

Néanmoins, on peut remarquer que les échantillons avec les longueurs de tubes les plus faibles (i.e. H-US et NI-M) présentent des valeurs de α^{sh} plus élevées que les deux autres (i.e. NI-SC et NI-US). Cela tend à confirmer les prédictions théoriques de Behnam et al. affirmant que le bruit $1/f$ est régi par les jonctions et par la percolation. En effet, plus les tubes sont courts, plus le nombre de jonctions que les porteurs ont à traverser et le degré de désordre sont élevés.

7.4 Conclusion

Nous avons montré que les films de nanotubes de carbone présentent majoritairement du bruit $1/f$, dont la densité spectrale est inversement proportionnelle au dimension de la couche de matériau tant qu'elles sont loin de leur seuil de percolation. Le paramètre de Hooge de couche α_{sh} qui est intrinsèque à la couche de matériau utilisé a ainsi pu être extrait pour chacun de nos échantillons. Si nous n'avons pu établir formellement l'origine du bruit $1/f$ dans nos échantillons, il semble probable qu'il provienne des jonctions entre tubes, et soit intimement lié au mécanisme de transport.

---

[23] BEHNAM et al., « Percolation scaling of $1/f$ noise in single-walled carbon nanotube films ».
[24] SOLIVERES et al., « 1/f noise and percolation in carbon nanotube random networks ».

En plus d'aider à la compréhension de l'origine du bruit, notre étude fournit des lignes directrices utiles pour la conception de capteurs. En effet, puisque nous avons extrait les α_{sh} intrinsèques à nos films de CNT, il est alors possible d'évaluer le bruit d'un dispositif connaissant ses dimensions, et les tensions appliquées. De plus, nous donnons quelques pistes pour réduire le bruit : l'utilisation de tubes longs, de grands volumes de détection et d'échantillons résistifs.

8

Potentiel des films de CNTs pour la bolométrie IR

Sommaire

N ous allons d'abord présenter la caractérisation de la photo-réponse infrarouge de deux dispositifs à base de film de CNT. Ensuite, nous ferons le point sur chacune des propriétés des films de CNT dont nous avons mis en évidence la pertinence au chapitre 3 pour évaluer le potentiel de ce matériau pour la bolométrie infrarouge.

8.1 Photoréponses IR obtenues sur film de CNT

En parallèle des caractérisations sur le matériau lui-même que nous avons présentées dans les chapitres 4, 6, et 7, nous avons mesuré la réponse à un flux infrarouge de dispositifs développés au chapitre 5, et de certains spécifiquement mis au point. Ici, nous allons présenter ces dispositifs, et leurs caractérisations.

8.1.1 Dispositif à base de film non suspendu

Le premier échantillon que nous avons caractérisé[1][2], est aussi le premier que j'ai fabriqué à l'aide des briques technologiques présentées au paragraphe 5.1. Il est fait d'un substrat de silicium recouvert de silice, comportant des électrodes en platine, sur lequel on a déposé, puis structuré par RIE oxygénée un film de CNT (Cf. Photo sur Figure 8.1.a).

---

[1]KOECHLIN et al., « Opto-electrical characterization of infrared sensors based on carbon nanotube films ».
[2]MAINE et al., « Mid-infrared detectors based on carbon nanotube films ».

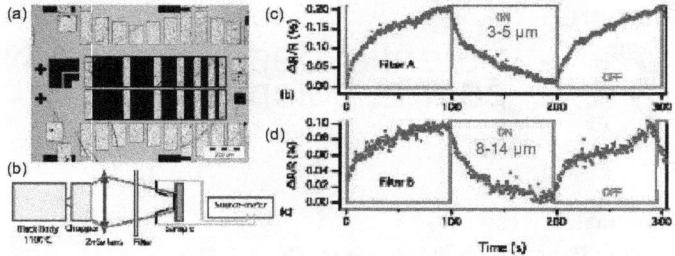

FIGURE 8.1 – (a) Photo du dispositif caractérisé. (b) Schéma du banc de mesure utilisé. Photoréponse en bande 3-5μm (c) et 8-14μm (d).

L'échantillon mesuré sous pointes a été placé face à un corps noir chauffé à 1100°C, haché à 5mHz et focalisé à l'aide d'une lentille de ZnSe (Cf. schéma du montage sur la figure 8.1). Des filtres passe-bandes $3-5$ μm, et $9-14$ μm sont successivement insérés dans le montage, et les variations relatives de résistances obtenues sont représentées sur la figure 8.1.b. En présence d'illumination, on observe une baisse relative de la résistance de l'ordre de quelques dixièmes de pour cent, due à l'échauffement du film (environ 1 K) provoqué par l'absorption du rayonnement. Les constantes de temps observées sont de l'ordre de la minute. La faible amplitude du signal, et les longues constantes de temps obtenues s'expliquent par l'absence d'isolation thermique du film qui est déposé à même le substrat (pertes par conduction vers le substrat, et inertie thermique du substrat). De plus compte-tenu de la géométrie de l'échantillon, et du montage expérimental, il nous est impossible de dire si le flux incident est absorbé par le film de CNT ou par son substrat et/ou support.

Cette photo-réponse est néanmoins la première observée dans l'infrarouge thermique (bande 2 et 3), à température ambiante, et avec des dispositifs de tailles micro-métriques. Afin d'obtenir une photo-réponse avec une meilleure réponse et un plus faible temps de réponse, nous avons choisi de développer en salle blanche des briques technologiques permettant d'obtenir des dispositifs avec des films de CNT suspendus.

8.1.2 Dispositif à base de film suspendu

En microfabrication, la technique la plus classique pour obtenir une membrane suspendue est d'utiliser une couche sacrificielle généralement organique. Elle s'avère compliquée dans le cas des nanotubes de carbone, car leur dépôt nécessite l'utilisation d'acétone (Cf. § 5.1.1) qui interdit donc un retrait de la couche sacrificielle par dissolution en solvant organique. De plus les plasmas oxygénés permettant d'attaquer des couches sacrificielles réticulées (i.e insensibles à l'acétone) attaquent également les films de CNT. Une solution serait d'encapsuler le film de CNT entre deux couches protectrices, mais le retrait de la couche sacrificielle par plasmas oxygénés isotrope nécessite un appareil (délaqueur) qui n'a été disponible en salle blanche que trop tardivement au cours de ma thèse.

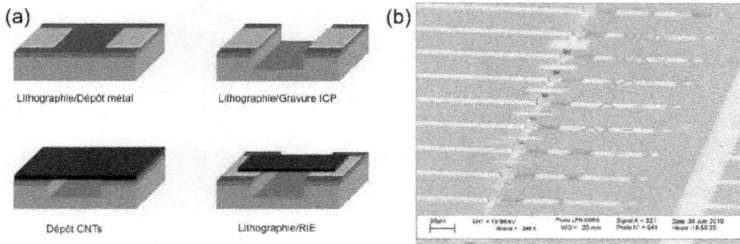

FIGURE 8.2 – (a) Procédé de fabrication, (b) Photo MEB de l'échantillon. On voit des rubans de films de CNT enjambés une tranchée dans le substrat de silicium.

J'ai donc opté pour une technique originale exploitant la possibilité de reporter notre film sur un substrat comportant des tranchées. Avec ma stagiaire, Stéphanie Rennesson, nous avons donc mis en œuvre le procédé décrit sur la figure 8.2. On part d'un substrat de silicium recouvert de silice sur lequel des électrodes ont été déposées. Un masque de Ti/Ni permettant de définir les futures tranchées est obtenu par photolithographie/métallisation/lift-off. Une RIE est alors pratiquée pour ouvrir la silice au niveau des tranchées. Enfin nous effectuons une ICP (Inductively Coupled Plasma) pour creuser de manière anisotrope le silicium sur plusieurs microns. Après retrait du masque, un film de CNT est déposé à même le substrat. Fort heureusement nous avons observé que ce dernier ne se brise pas au niveau des tranchées. Il est alors recouvert de germanium (qui sert de couche d'arrêt). On cherche ensuite à définir en photolithographie les rubans suspendus de film de CNTs. Cette étape est critique, et a demandé un développement spécifique car elle nécessite l'induction à la tournette de la résine, son recuit (qui tend à dé-contraindre la résine, et à briser le film et les rubans de résine suspendus), et le plaquage dans l'insolateur qui mettent à rude épreuve notre film de CNT. Une fois les rubans de résine sur le film de CNT obtenus, l'échantillon est passé en RIE selon le procédé présenté en 5.1.2. Une photo de l'échantillon ainsi obtenu est présentée figure 8.2. L'utilisation d'un procédé utilisant uniquement la gravure sèche grâce à la couche d'arrêt en germanium permet d'éviter de briser les rubans de film de CNT suspendu. En effet, un séchage de l'échantillon suite à son trempage dans l'acétone pour retirer le masque induirait des tensions de surface qui briseraient les rubans.

L'échantillon a été placé sous vide et à l'ambiante dans un cryostat, et illuminé à l'aide d'un corps noir à 100°C dans une configuration f/1. Un iris commandable, et éventuellement un filtre spectral sont intercalés. Une tension V_{in} de 100mV a été appliquée à l'échantillon (connecté à l'aide de "bondings") à l'aide d'un ampli trans-impedance Keithley 428. Le dispositif sélectionné ayant une résistance de 400 Ω, le courant de base qui le traverse est de $I_{out}^{base} = 250\mu A$. Ceci rend la mesure difficile car les photo-courants attendus sont de l'ordre du nano-Ampère. Nous avons donc retranché au courant obtenu I_{out}, un courant fixe pour minimiser le courant de base de $250\mu A$, et ainsi pouvoir appliquer un gain important

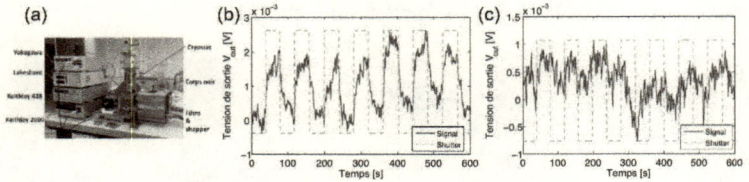

FIGURE 8.3 – (a) Photo du montage. Photosignal en l'absence de filtre (b) et en présence d'un filtre 8-12μm (c).

($G = 10^5$) sans saturer l'amplificateur. Les tensions obtenues en sortie de ce dernier, en l'absence et en présence d'un filtre passe bande $8 - 12\mu$m, sont représentées sur les figures 8.3.a-b. Comme pour l'échantillon présenté au paragraphe 8.1.1, la réponse est très faible, surtout en présence d'un filtre, et les temps de réponse de l'ordre de la minute, malgré la suspension du film. On peut donc en déduire que ce que l'on observe est également l'échauffement global de l'échantillon.

On peut se demander pourquoi Itkis et al.[3] avaient réussi à obtenir une réponse propre aux films, et pourquoi nous n'y arrivons pas. Pour ce faire écrivons la réponse $\Re$ de nos dispositifs faits d'un film suspendu sur une longueur L et d'épaisseur t :

$$\Re = \frac{V_{in}.TCR}{R} \times \frac{\eta L^2}{12\lambda_{th} t} \tag{8.1}$$

La géométrie adoptée dans les deux cas, à savoir un ruban, a un grand impact sur la réponse puisque $\Re$ dépend quadratiquement de la longueur L. Or le dispositif d'Ikis mesurait 3 mm alors que les nôtres mesurent au mieux 60 μm, soit une différence sur la réponse de plus de trois ordres de grandeur. Nous payons donc la miniaturisation de nos dispositifs[4].

Ensuite, la faible TCR des films de CNT (un ordre de grandeur plus faible que pour des matériaux usuels), et leur forte conductivité thermique λ_{th} (un ordre de grandeur plus forte) contribuent grandement à la faible réponse des bolomètres à base de CNT, que ce soit pour Itkis ou pour nous, ce qui sera détaillé au paragraphe suivant. Nous n'avons donc pas cherché par la suite à développer des bolomètres à base de CNT avec des géométries plus optimisées ou des structures hétérolytiques, notre étude sur le matériau lui-même ayant conclu à son manque de potentiel.

8.2   Figures de mérite et films de CNTs

Nous avons vu au chapitre 3 que quatre caractéristiques sont essentielles pour évaluer le potentiel d'un matériau pour une utilisation dans des bolomètres résistifs : sa conductivité

---

[3]ITKIS et al., « Bolometric Infrared Photoresponse of Suspended Single-Walled Carbon Nanotube Films ».
[4]KOECHLIN et al., « Potential of carbon nanotubes films for infrared bolometers ».

thermique λ_{th}, sa résistivité électrique ρ, sa TCR, et son niveau de bruit 1/f caractérisé par sa constante de Hooge (ou via K_f à volume donné). En effet, en ne prenant en compte que les "paramètres matériaux", la réponse et les rapports signal à bruit s'écrivent :

- Pour la réponse :

$$\Re \propto \frac{TCR}{\rho \, \lambda_{th}} \tag{8.2}$$

- Pour les rapports signal à bruit (SNR) dans les cas des bruits de Johnson et 1/f :

$$SNR_J \propto \frac{TCR}{\sqrt{\rho} \, \lambda_{th}} \qquad SNR_{1/f} \propto \frac{TCR}{\sqrt{K_f} \, \lambda_{th}} \tag{8.3}$$

Nous allons maintenant faire le point sur ces quatre caractéristiques, et les comparer à celles des matériaux utilisés actuellement dans l'industrie (Cf. § 3.3.2) : le silicium amorphe et les oxydes de vanadium.

Nous ne faisons volontairement pas référence aux propriétés optiques des films de nanotubes de carbone décrites au chapitre 4, car l'absorption dans un bolomètre dépend plus de l'optimisation de paramètres géométriques pour adapter son impédance que des propriétés du matériau constitutif. Rappelons néanmoins que nous avons montré la possibilité de réaliser des absorbants performants sur la bande 8-12μm (Cf. § 4.4).

8.2.1 Conductivité thermique

La conductivité thermique des nanotubes uniques a été l'objet de nombreux papiers aussi bien théoriques qu'expérimentaux. En effet les valeurs reportées sont exceptionnellement élevées : de l'ordre de 250 à 6600 W/mK pour des SWCNT[5][6][7][8] et de 300 à 3000 W/mK pour des MWCNT[9][10][11]. A titre de comparaison, un métal avec une très bonne conductivité thermique, comme l'or, présente des valeurs de l'ordre de 318 W/mK.

Néanmoins, comme nous l'avons vu précédemment pour la conductivité électrique, la forte conductivité thermique des tubes uniques ne présage pas de celle des films de CNT à cause du rôle des jonctions inter-tubes. Hone et al.[12] ont reporté pour ces derniers une valeur de $\lambda_{th} = 30$W/mK, et Gonnet et al.[13], $\lambda_{th} = 18$W/mK. Ces deux auteurs ont également montré que ces valeurs pouvaient être augmentées en alignant les tubes. Le groupe

---

[5]BERBER et al., « Unusually high thermal conductivity of carbon nanotubes ».

[6]YU et al., « Thermal conductance and thermopower of an individual single-wall carbon nanotube ».

[7]HONE et al., « Thermal conductivity of single-walled carbon nanotubes ».

[8]POP et al., « Thermal conductance of an individual single-wall carbon nanotube above room temperature ».

[9]KIM et al., « Thermal transport measurements of individual multiwalled nanotubes ».

[10]FUJII et al., « Measuring the thermal conductivity of a single carbon nanotube ».

[11]CHOI et al., « Measurement of the thermal conductivity of individual carbon nanotubes by the four-point three-ω method ».

[12]HONE et al., « Electrical and thermal transport properties of magnetically aligned single wall carbon nanotube films ».

[13]GONNET et al., « Thermal conductivity of magnetically aligned carbon nanotube buckypapers and nanocomposites ».

d'Itkis[14] a lui aussi mesuré la conductivité thermique des films de SWCNTS en utilisant le même dispositif que celui ayant servi à mettre en évidence un effet bolométrique. En effet, connaissant le flux absorbé et la TCR de leur film, il est possible de remonter à son échauffement et donc à la conductivité thermique. Une valeur de $\lambda_{th} = 75\text{W/mK}$ a ainsi été mesurée pour leur film "purifié", et une valeur de $\lambda_{th} = 30\text{W/mK}$ pour leur film "as prepared". Ces valeurs sont donc plusieurs ordres de grandeur en-dessous de celles des tubes uniques. Comme expliqué par Itkis et al., la cause probable est la présence des jonctions entre tubes.

En effet, ces derniers se sont également intéressés au nombre de Lorentz $\lambda_{th}/\sigma T$ (où σ est la conductivité électrique) de leurs échantillons "purifiés" et "as-prepared". Il constitue une mesure de la contribution des phonons par rapport à celle des électrons. Les valeurs mesurées sont respectivement 100 fois supérieures, et 1000 fois supérieures à celle du nombre de Lorentz d'un métal pur, où le transport thermique est purement dû aux électrons. Ceci signifie que les rapports des contributions électroniques et phononiques dans la conductivité thermique sont respectivement de 1 : 100 et 1 : 1000. A titre de comparaison, ce rapport est de 1 : 3 dans les tubes uniques. Les auteurs en déduisent donc que les barrières intertubes réduisent de façon beaucoup plus drastique la contribution des électrons à la conductivité thermique que la contribution des phonons, et que cet effet est accentué en présence de dopants et d'impuretés.

Les conductivités thermiques reportées pour les films de CNT sont au moins un ordre de grandeur plus élevées que celle des matériaux utilisés classiquement en bolométrie : de l'ordre de 2 W/mK pour le silicium amorphe[15][16] et de 4.5 W/mK pour le Nitrure de Silicium[17]. Cela signifie que, toutes choses égales par ailleurs, des bras d'isolation thermique en film de CNT seront 10 fois moins performants pour assurer un échauffement efficace de la membrane. La perspective d'une structure monolithique (i.e membrane et bras constitués uniquement de film de CNT) ne paraît donc pas intéressante du point de vue des performances thermiques.

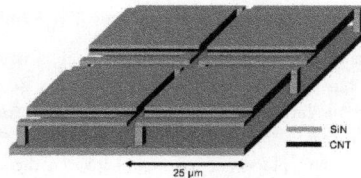

FIGURE 8.4 – Schéma d'un bolomètre à membrane hétérolithique ($SiN/CNT/SiN$).

De plus les films de CNT étant un matériau "mou", la fabrication de membrane micro-structurée d'épaisseur sub-micronique à haut facteur de remplissage apparaît difficile d'un

---

[14]ITKIS et al., « Thermal conductivity measurements of semitransparent single-walled carbon nanotube films by a bolometric technique ».
[15]WADA et al., « Thermal conductivity of amorphous silicon ».
[16]ZINK et al., « Thermal conductivity and specific heat of thin-film amorphous silicon ».
[17]ERIKSSON et al., « Thermal characterization of surface-micromachined silicon nitride membranes for thermal infrared detectors ».

point de vue technologique. En revanche des structures hétérolithiques, comme représentées sur la figure 8.4 (similaires aux empilements $SiN/VO_x/SiN$) à base de silicium amorphe ou de SiN_xO_y, servant de support et encapsulant le film de CNT (permettant ainsi le retrait d'un couche sacrificielle organique) paraît envisageable.

8.2.2 TCR : Temperature Coefficient of Resistance

La TCR est la figure de mérite essentielle pour caractériser les performances d'un matériau comme thermistor. Comme nous l'avons vu au chapitre 6, la TCR des CNT est gouvernée par l'activation thermique de champs électriques transitoires aux barrières inter-tubes qui permettent leur transmission par les porteurs. Les TCR des films de CNT que nous avons mesurées et celles reportées dans la littérature n'excèdent pas $0.2\%K^{-1}$ (Cf. § 6.6), alors que les matériaux utilisés actuellement dans l'industrie présentent des valeurs de l'ordre de $2\%K^{-1}$ (Cf. § 3.3.2). Cet écart d'un ordre de grandeur est une limitation drastique pour l'utilisation des films de CNT comme thermomètre sur une membrane bolométrique.

8.2.3 Résistivité électrique

Les films de CNT possèdent des résistivités relativement faibles ($\rho < 0.1$ Ω.cm) comparées à celle du silicium amorphe[18],[19] ($\rho_{a-Si} \simeq 50$ Ω.cm) et de l'oxyde de vanadium[20],[21],[22] ($\rho_{VO_x} \simeq 1-10$ Ω.cm), (pour des niveaux de dopage utilisés dans les bolomètres). D'après les équations 8.2 et 8.3, cette faible résistivité est un avantage en terme de réponses et de rapport signal à bruit de Johnson dans le cas où le thermistor est polarisé via une tension et lu via le courant (et un désavantage dans l'autre cas).

Cependant, le rapport signal à bruit dans les bolomètres est toujours limité, non pas par le bruit de Johnson, mais par le bruit 1/f surtout quand on tend à diminuer la taille des pixels (diminution du volume de détection et donc augmentation du bruit 1/f d'après la loi de Hooge, Cf. Eq. 2.28). Dans ce cas d'après l'équation 8.3, une faible résistivité ne présente aucun avantage, seuls la TCR et le K_f comptent.

Enfin, d'un point de vue composant, une trop faible résistance du pixel peut poser un problème d'adaptation d'impédance avec le circuit de lecture.

8.2.4 Niveau de bruit 1/f

Nous avons effectué dans cette thèse une caractérisation du bruit 1/f de films de CNT (Cf. Chapitre 7). Nous avons montré qu'il suivait la loi de Hooge tant que les dimensions n'étaient

---

[18]Tissot et al., « LETI/LIR's amorphous silicon uncooled microbolometer development ».

[19]Vedel et al., « Amorphous silicon based uncooled microbolometer IRFPA ».

[20]Jerominek et al., « 64 x 64, 128 x 128, 240 x 320 pixel uncooled IR bolometric detector arrays ».

[21]Dem'yanenko et al., « Uncooled 160× 120 microbolometer IR FPA based on sol-gel VO ».

[22]Verleur et al., « Optical Properties of VO_ {2} between 0.25 and 5 eV ».

pas proches de leur seuil de percolation. Nos résultats et la littérature reportent des K_f relativement élevés pour des dispositifs micrométriques. Néanmoins, leurs valeurs dépendant du volume de matériau, la comparaison est toujours difficile. Il est donc plus rigoureux de comparer les constantes de Hooge. Les fabricants de bolomètres gardent jalousement les valeurs qu'ils sont capables d'atteindre.

Néanmoins, nous avons pu faire une comparaison grâce à l'un des rares papiers qui mentionnent des constantes de Hooge[23]. Nos films de quelques centaines de nanomètres d'épaisseur présentent des constantes de Hooge de couche de l'ordre de $\alpha_{CNT}^{sh} = 10^{-13} \ m^2$, alors que des films de même épaisseur de VOx présentent des valeurs de l'ordre de $\alpha_{VO_x}^{sh} = 10^{-22} \ m^2$. Le niveau de bruit 1/f dans les films de CNT apparaît donc relativement élevé, ce qui n'est pas surprenant pour un matériau à la fois désordonné, et très poreux. Ceci est un inconvénient majeur pour tout capteur à base de CNT nécessitant une polarisation électrique.

8.3 Conclusion et perspectives

Nous avons présenté la caractérisation de la photo-réponses infrarouge de deux dispositifs micrométriques à base de film de CNT. Dans les deux cas, si un faible signal a été obtenu à température ambiante et en bande 3 de l'IR, nous n'avons pu l'attribuer à un échauffement du film seul. Le film de CNT semble avoir joué seulement le rôle de thermomètre du substrat.

Ensuite, nous avons fait le point sur chacune des propriétés des films de CNTs dont nous avons mis en évidence la pertinence au chapitre 3 pour évaluer le potentiel de ce matériau pour la bolométrie infrarouge. Il apparaît que ce matériau ne présente pas de caractéristiques suffisamment intéressantes, que ce soit d'un point de vue thermique ou électrique, pour être utilisé dans un bolomètre.

Néanmoins comme nous l'avons souligné, les "films de CNT" constituent une famille de matériaux, dont les propriétés dépendent beaucoup de paramètres tels que le dopage ou les procédés d'élaboration. Rien ne dit que nous n'avons pas raté le candidat intéressant, mais rien n'indique non plus qu'il y ait des raisons qu'il en existe un.

Malgré ses propriétés opto-électroniques uniques, l'engouement engendré par la publication d'Itkis[24] pour l'étude de ce matériau en vue d'une application en bolométrie, se conclut sur son manque de potentiel réel.

D'autres matériaux présentant de meilleures performances sont envisagés pour succéder au $a - Si$ et au VO_X. Par exemple, les alliages $a - SiGe$ possèdent les mêmes TCR et K_f que le $a - Si$ mais des résistivités plus faibles[25]. Il a été montré que des structures à

[23] NIKLAUS et al., « Uncooled infrared bolometer arrays operating in a low to medium vacuum atmosphere: performance model and tradeoffs ».

[24] ITKIS et al., « Bolometric Infrared Photoresponse of Suspended Single-Walled Carbon Nanotube Films ».

[25] YON et al., « Low resistance a-SiGe based microbolometer pixel for future smart IR FPA ».

base de quantum dots de germanium[26],[27] ou des nanocomposites d'oxydes de fer en couches minces[28],[29] présentent de fortes TCR et des bruits relativement bas d'après les auteurs.

---

[26] KOLAHDOUZ et al., « Improvement of infrared detection using Ge quantum dots multilayer structure ».

[27] RADAMSON et al., « Carbon-doped single-crystalline SiGe/Si thermistor with high temperature coefficient of resistance and low noise level ».

[28] MAUVERNAY, « Nanocomposites d'oxydes de fer en couches minces. Etudes de leur élaboration et de leurs propriétés en vue de leur utilisation comme matériaux sensibles pour la détection thermique ».

[29] TAILHADES et al., « Use of a combination of iron monoxide and spinel oxides as a sensitive material for detecting infrared radiation ».

Troisième partie

Absorbants sub-longueur d'onde : Application aux bolomètres IR

Introduction

Dans la partie précédente nous nous sommes intéressés aux propriétés électro-optiques des films de nanotubes de carbone. Nous avons notamment cherché à savoir s'ils pouvaient constituer un bon thermistor pour des micro-bolomètres, c'est à dire traduire l'échauffement de la membrane induit par l'absorption du rayonnement incident en changement de signal électrique.

Cette partie sera consacrée à la réponse purement thermique des bolomètres : comment le flux infrarouge incident peut être transformé le plus efficacement possible en élévation de température de la membrane.

Nous allons ainsi montrer dans le chapitre 9 que des micro-résonateurs basés sur des cavités Métal-Isolant-Métal, se comportent comme des absorbants quasi-totaux, omnidirectionnels et accordables, de volume sub-longueur d'onde. La possibilité de combiner ces résonateurs dans un même espace sub-longueur d'onde sera démontrée au chapitre 10 et mettra en évidence la possibilité de trier les photons par bande spectrale. Enfin nous montrerons au chapitre 11 comment ces absorbants peuvent être mis à profit pour réaliser des microbolomètres hyperspectraux à hautes performances, grâce à la signature de leur réponse spectrale et à leur faible volume de détection.

9 Résonance Fabry-Pérot dans des cavités de type MIM

Sommaire

Nous allons présenter la structure et les propriétés d'absorbants quasi-totaux, omni-directionnels et accordables basés sur des résonances Fabry-Pérot dans des cavités Métal-Isolant-Métal sub-longueur d'onde. Nous verrons comment ces structures peuvent être considérées comme des métamatériaux et décrites analytiquement. Nous établirons les conditions nécessaires pour obtenir ces absorptions quasi totales avec un facteur de qualité donné[1].

9.1 Résonateur MIM sub-longueur d'onde

9.1.1 Absorbant quasi total sub-longueur d'onde accordable

Nous allons nous intéresser dans ce chapitre aux propriétés de résonateurs sub-longueur dans l'infrarouge thermique (soit vers $\lambda \simeq 10\mu m$) constitués de cavité Métal Isolant Métal (MIM). Nous étudierons principalement des structures unidimensionnelles, et nous focaliserons sur la structure représentée en figure 9.1.a. Elle est faite de rubans constitués d'un empilement

---

[1] KOECHLIN et al., « Analytical description of subwavelength plasmonic MIM resonators and of their combination. »

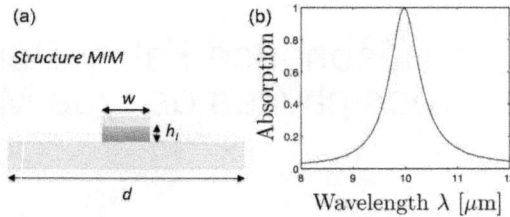

FIGURE 9.1 – (a) Schéma d'une structure MIM 1D faite d'un ruban isolant/métal de largeur w déposé sur un plan de métal continu avec une période d. L'isolant a une épaisseur h_I et un indice optique n_I (b) Spectre d'absorption d'une structure optimisée typique ($n_I = 4$, $h_I = 200nm$, $w = 1.087\mu m$, et $d = 3.8\mu m$) présentant une absorption quasi-totale.

Métal/Isolant, déposés périodiquement sur une surface de métal. Si cette structure est optimisée, elle peut présenter une résonance menant à une absorption quasi totale (i.e. > 99.9%) pour une onde plane en incidence normale polarisée TM.

Pour mon étude, j'ai choisi l'or comme métal (décrit par un modèle de Drude : $n_{Au}^2 = 1 - [(\lambda_p/\lambda + j\gamma)\lambda_p/\lambda]^{-1}$, où $\lambda_p = 159$ nm et $\gamma = 0.0048$). Pour avoir une absorption quasi-totale à la longueur d'onde de résonance $\lambda_r = 10$ μm, une structure a été optimisée avec les paramètres suivants : le diélectrique possède un indice $n_I = 4$ (correspondant à l'indice du germanium amorphe), et une épaisseur $h_I = 200$ nm, et les rubans répétés selon une période $d = 3.8$ μm ont une largeur $w = 1.087$ μm. L'épaisseur de la couche de métal supérieure a peu d'influence sur les propriétés du résonateur dès qu'elle est supérieure à l'épaisseur de peau du métal (i.e. 25 nm pour l'or dans l'IR), elle sera fixée à 50 nm pour l'ensemble de ce manuscrit. Le spectre d'absorption calculé est représenté sur la figure 9.1.b. Cette structure typique nous servira d'exemple pour le reste de ce chapitre.

Notons dès à présent le paradoxe suivant : une surface entièrement recouverte de métal (a priori quasi totalement réfléchissante dans l'IR), et contenant un diélectrique (complètement transparent) peut présenter une absorption quasi totale si les géométries sont optimisées. Cette structure constitue donc un véritable métamatériau puisque sa géométrie a plus d'influence sur ses propriétés optiques que les matériaux qui la constituent.

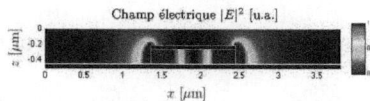

FIGURE 9.2 – Cartographie du module carré du champ électrique $|E|^2$ dans la structure MIM prise comme exemple à sa résonance : $\lambda_r = 10\mu m$. Le champ électrique est confiné dans le ruban d'isolant qui forme un Fabry-Pérot horizontal.

Cette absorption totale est due à un mode (Cf. § 9.2.1) se propageant horizontalement dans l'isolant, et présentant des pertes au niveau des parois métalliques. Ce mode donne lieu à une résonance de type Fabry-Pérot dans le ruban. La figure 9.2 représente la cartographie du module carré du champ électrique $|E|^2$ dans notre structure exemple à sa résonance. Il est essentiellement confiné dans le ruban dont la largeur est sub-longueur d'onde. La longueur d'onde de résonance λ_r de ce mode horizontal confiné dans la cavité MIM est donnée au premier ordre par $\lambda_r \simeq 2n_I w$ où n_I est l'indice optique de l'isolant et w la largeur du ruban. La position du pic peut donc être accordée grâce à w comme montré sur les figures 9.3a-b.

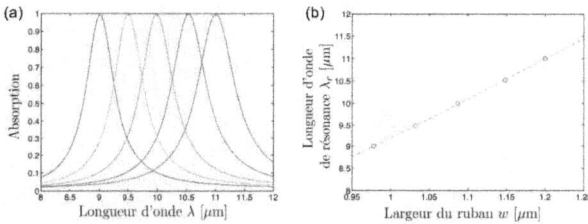

FIGURE 9.3 – (a) Spectre d'absorption de structures MIM ($n_I = 4$, $h_I = 200nm$, et $d = 3.8$ μm), pour différentes largeurs de ruban ($w = 0.978, 1.032, 1.087, 1.148$, et 1.2 μm). L'accordabilité de l'absorbant est mise en valeur. (b) Longueur d'onde de résonance obtenue λ_r en fonction de la largeur du ruban w en cercle et sa courbe de tendance en pointillé.

Ce type d'absorbant a été pour la première fois décrit en 2006 par Lévêque et al.[2] dans le visible, Le Perchec et al. l'ont popularisé peu après (2009) dans l'infrarouge[3], avant que de nombreuses publications se focalisent dessus. Je vais montrer dans le paragraphe suivant que l'on peut obtenir quasiment la même résonance avec des cavités MIM agencées différemment.

9.1.2 Résonance Fabry-Pérot dans les cavités MIM

La figure 9.4 représente en plus de la structure MIM, deux autres structures. La première représentée sur la figure 9.4.b est constituée de rubans MIM de largeur $w/2$ déposés selon une période $d/2$ sur un miroir métallique et dont un côté est obturé par un miroir parfait. On nommera cette structure "MIM en C". La deuxième est un réseau de sillons dans une feuille d'or de profondeur $w/2$, remplis de diélectrique et disposés selon une période $d/2$ sur un miroir parfait. Les figures 9.4.d-f montrent que ces structures induisent quasiment le même spectre d'absorption. Cette équivalence des comportements est due au fait que les géométries de ces structures induisent la même résonance Fabry-Pérot localisée dans la cavité MIM. En effet les cartes du module carré du champ électrique $|E|^2$ à la résonance représentées sur les figures 9.5.a-c sont semblables, à quelques effets de bord près sur les coins.

En effet, la structure MIM (Cf. Fig. 9.4.a), présente un plan de symétrie vertical (re-

---

[2]Lévêque et al., « Tunable composite nanoparticle for plasmonics ».
[3]Le Perchec et al., « Plasmon-based photosensors comprising a very thin semiconducting region ».

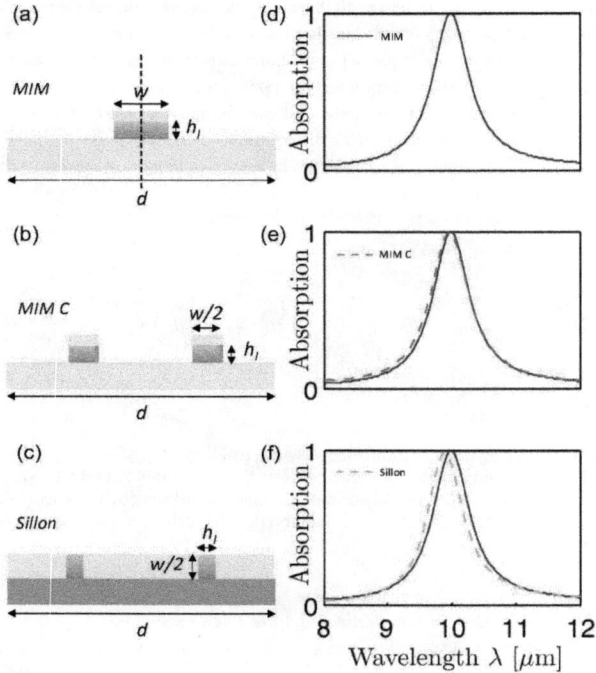

FIGURE 9.4 – (a) Schéma de la structure MIM exemple. (b) Schéma d'un structure MIM
en C : un miroir parfait obture l'une des deux ouvertures. (c) Schéma d'un structure
MIM sillon : un miroir parfait obture le fond du sillon. (d-f) Spectres d'absorption
de la structure MIM exemple (bleu), de la structure MIM en C équivalente (tirets
magenta) et de la structure sillon équivalente (tirets verts). Les paramètres sont les
suivants : $n_I = 4$, $h_I = 200$ nm, $w = 1.087$ μm, et $d = 3.8$ μm.

présenté en pointillé), et le champ $|E|$ est nul en son centre (Cf. Fig. 9.5.a). Si on "coupe"
le ruban en deux verticalement en son centre, que l'on répartit les deux bouts dans des
demi-périodes $d/2$ et que l'on bouche par un miroir parfait un côté de ces demi-rubans, on
obtient la structure représentée sur la figure 9.4.b, que l'on nommera "MIM en C". Le miroir
parfait permet de restaurer un champ nul à l'une des extrémités des demi cavités MIM de
largeur $w/2$. La période $d/2$ assure une densité en "demi-résonateur" semblable à celle de
la structure MIM qui peut donc être considérée comme deux structures "MIM en C" mises
tête-bêche dans une période d. Leur équivalence est illustrée sur la figure 9.4.e qui représente
leurs spectres respectivement en tirets magentas et en ligne bleue et par les figures 9.5.a-b
qui représentent leurs cartes de champ à la résonance.

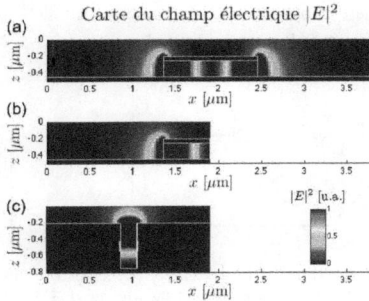

FIGURE 9.5 – Cartographies du module carré du champ électrique de la structure MIM (a) et de ses équivalents MIM en C (b) et sillon (c) à leur longueur d'onde de résonance, $\lambda_r = 10\mu m$ montrant l'équivalence de ces systèmes. L'échelle de couleur est la même pour les trois cartographies.

Il apparaît également que la structure "MIM en C" a un champ à la résonance très proche de la structure sillon (Cf. Fig. 9.5.c). En effet leurs cavités sont presque équivalentes modulo une rotation d'un quart de tour. Cette dernière perturbe manifestement peu le couplage entre la cavité et le vide, à ceci près que dans la structure "MIM en C" la présence du plan métallique continu ne permet pas d'obtenir exactement le même champ sur le côté ouvert de la cavité.

Il apparaît ainsi que ces trois structures a priori relativement différentes, permettent d'obtenir le même spectre d'absorption parce que leur cavité MIM induise la même résonance Fabry-Pérot localisée.

9.1.3   Absorbant omnidirectionnel

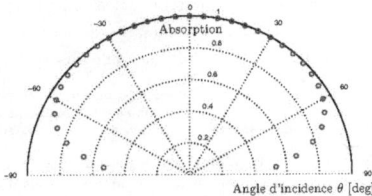

FIGURE 9.6 – Absorption à la résonance de la structure MIM exemple en fonction de l'angle d'incidence θ.

Un des avantages de ces structures à résonances localisées est leur tolérance angulaire. La longueur d'onde de résonance λ_r dépend peu de l'angle d'incidence θ. Il en est de même pour le niveau d'absorption jusqu'à des incidences de $\theta = 60°$ comme on peut le voir sur la figure 9.6 qui représente l'absorption à la résonance en fonction de l'angle d'incidence toujours pour un éclairement TM.

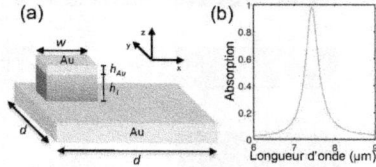

FIGURE 9.7 – (a) Schéma d'un MIM 2D carré. (b) spectre d'une structure optimisée typique : $n_I = 2.2$, $h_I = 290$ nm, $w = 1.62$ μm, et $d = 5.3$ μm, absorbant quasi-totalement

En utilisant des structures à deux dimensions (par exemple des antennes carrées comme représenté sur la figure 9.7.a ou circulaires) la réponse devient également indépendante de la polarisation. Le spectre d'une telle structure optimisée est représenté sur la figure 9.7.b. L'absorption est alors totale pour les deux polarisations. De plus, il a été montré qu'elle est omnidirectionnelle[4],[5],[6]. Ces structures bi-dimensionnelles sont en revanche beaucoup plus coûteuses en temps de calcul. Le calcul présenté ci-dessus a été réalisé grâce au logiciel Reticolo qui est basé sur une méthode modale de Fourier[7], [8].

Les propriétés d'absorbants totaux, omnidirectionnels, dans des volumes sub-longueur, et accordables intéressent beaucoup la communauté de l'opto-électronique pour diverses applications : cellule solaire[9], détecteur IR quantique[10], détecteur microbolométrique[11],[12], détecteur bio-chimique[13], surface anti-réflective[14], source thermique[15], etc...

9.2 Description analytique des résonateurs MIM

Je viens de présenter les propriétés des résonateurs MIM et leurs applications. Le potentiel de ces structures rend la compréhension et la maîtrise de leur comportement intéressant, notamment pour obtenir les paramètres conduisant à une absorption totale. C'est pourquoi

---

[4]HAO et al., « High performance optical absorber based on a plasmonic metamaterial ».

[5]LIU et al., « Infrared perfect absorber and its application as plasmonic sensor ».

[6]CATTONI et al., « $\lambda^3/1000$ plasmonic nanocavities for biosensing fabricated by Soft UV Nanoimprint Lithography ».

[7]LALANNE et al., « Highly improved convergence of the coupled-wave method for TM polarization ».

[8]J. Hugonin and P. Lalanne, Reticolo sofware for grating anlysis, Insitut d'Optique, Palaiseau, France 2005

[9]ATWATER et al., « Plasmonics for improved photovoltaic devices ».

[10]LE PERCHEC et al., « Plasmon-based photosensors comprising a very thin semiconducting region ».

[11]MAIER et al., « Wavelength-tunable microbolometers with metamaterial absorbers ».

[12]MAIER et al., « Multispectral microbolometers for the midinfrared ».

[13]CATTONI et al., « $\lambda^3/1000$ plasmonic nanocavities for biosensing fabricated by Soft UV Nanoimprint Lithography ».

[14]JIANG et al., « Conformal Dual Band Near-Perfectly Absorbing Mid-Infrared Metamaterial Coating ».

[15]IKEDA et al., « Controlled thermal emission of polarized infrared waves from arrayed plasmon nanocavities ».

elles ont été le sujet de nombreux papiers aussi bien expérimentaux que théoriques. Ces derniers se sont notamment focalisés de manière empirique sur l'influence des différents paramètres géométriques (d, h_I, w) sur la réponse[16],[17] sans bien expliquer les comportements observés. Le paramètre w fait exception, son influence sur la position de la résonance étant déjà bien comprise et décrite[18],[19],[20].

Pour tenter d'expliquer l'absorption totale et le comportement spectral de ces métamatériaux, divers groupes[21],[22],[23],[24] ont proposé des modèles basés sur l' "effective index medium theory" ou sur des "impedance transmission lines". Néanmoins tous ces modèles nécessitent l'utilisation de grandeurs obtenues par des calculs numériques du système complet pour un jeu de paramètres donné. Je vais maintenant exposer un modèle analytique que j'ai développé, qui permet de décrire la réponse spectrale et donne les conditions nécessaires pour obtenir une absorption quasi-totale.

9.2.1 Indice effectif dans les cavités MIM

Dans ce paragraphe, nous décrivons par son indice effectif complexe $\tilde{n}_{eff}$, le mode se propageant dans une cavité MIM de dimension latérale sub-longueur d'onde $h_I \ll \lambda$ (Cf. Figure 9.8). Ce problème a été traité par Collin et al[25], nous allons en rappeler les principaux résultats. Considérons deux régions métalliques semi-infinies de permittivité ϵ_M, encadrant une couche diélectrique de permittivité ϵ_I et de dimension latérale h_I. Notons $\kappa = \tilde{n}_{eff} k_0$ le vecteur d'onde du mode guidé présent dans la fente, $k_0 = 2\pi/\lambda$ étant le vecteur d'onde dans le vide.

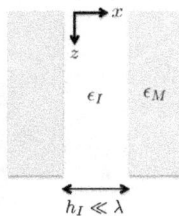

FIGURE 9.8 – Schéma d'une cavité MIM de largeur h_I sub-longueur d'onde.

L'équation du mode TM s'obtient en considérant sa propagation selon la dimension

[16]HAO et al., « High performance optical absorber based on a plasmonic metamaterial ».
[17]HAO et al., « Nearly total absorption of light and heat generation by plasmonic metamaterials ».
[18]LE PERCHEC et al., « Plasmon-based photosensors comprising a very thin semiconducting region ».
[19]CHANDRAN et al., « Metal-dielectric-metal surface plasmon-polariton resonators ».
[20]BARNARD et al., « Spectral properties of plasmonic resonator antennas ».
[21]WANG et al., « Metamaterial-plasmonic absorber structure for high efficiency amorphous silicon solar cells ».
[22]HAO et al., « Nearly total absorption of light and heat generation by plasmonic metamaterials ».
[23]PU et al., « Design principles for infrared wide-angle perfect absorber based on plasmonic structure ».
[24]WU et al., « Large-area wide-angle spectrally selective plasmonic absorber ».
[25]COLLIN et al., « Waveguiding in nanoscale metallic apertures ».

latérale (i.e. l'axe des x), c'est à dire les deux réflexions à l'interface Isolant-Métal décrites par le coefficient de réflexion de Fresnel et sa propagation dans l'isolant :

$$\left(\frac{\frac{k_I^x}{\epsilon_I} - \frac{k_M^x}{\epsilon_M}}{\frac{k_I^x}{\epsilon_I} + \frac{k_M^x}{\epsilon_M}} \right)^2 \times \left(e^{jk_I^x h_I} \right)^2 = 1 \tag{9.1}$$

où $k_I^x = \sqrt{\epsilon_I k_0^2 - \kappa^2}$, et $k_M^x = \sqrt{\epsilon_M k_0^2 - \kappa^2}$ sont les vecteurs d'ondes selon x dans l'isolant et le métal. On peut ré-écrire cette équation pour les faire ressortir :

$$\frac{k_I^x}{\epsilon_I} \left[\frac{1 - e^{jk_I^x h_I}}{1 + e^{jk_I^x h_I}} \right] + \frac{k_M^x}{\epsilon_M} = 0 \tag{9.2}$$

Comme $h_I \ll \lambda$, c'est à dire $|k_I^x h_I| \ll 1$, on peut effectuer la simplification suivante : $\frac{1 - e^{jk_I^x h_I}}{1 + e^{jk_I^x h_I}} \simeq -jk_I^x h_I/2$. De plus, comme généralement $|\epsilon_M| \gg \epsilon_I$, on peut écrire l'indice effectif du mode $\tilde{n}_{eff}$ comme suit :

$$\tilde{n}_{eff} = n_{eff} + jk_{eff} = \frac{\kappa}{k_0} = n_I \sqrt{1 + \frac{j\lambda}{\pi h_I \sqrt{\epsilon_M}}} \tag{9.3}$$

On peut noter que cet indice est complexe. En effet, il tient compte des pertes du mode dans le métal. Ensuite, on peut remarquer que sa partie réelle peut devenir nettement supérieure à celle du diélectrique quand la largeur de la fente h_I est suffisamment petite pour être de l'ordre de la profondeur de peau du métal δ. En effet on peut alors approximer n_{eff} en :

$$n_{eff} \simeq n_I \left(1 + \frac{\delta}{h_I} \right) \tag{9.4}$$

La profondeur de peau de l'or vers $\lambda = 10\mu m$ est de l'ordre de $\delta = 25nm$. Ainsi des cavités dont la dimension latérale h_I approche la dizaine de nanomètre pourront présenter de grands indices effectifs.

Après avoir décrit le mode pouvant se propager dans les cavités MIM, nous allons maintenant voir comment celui-ci peut donner lieu à une résonance Fabry-Pérot selon la dimension axiale (i.e. l'axe des z), même dans le cas d'une faible différence d'indice entre l'isolant et le vide.

9.2.2   Description de la résonance par un milieu équivalent

Nous cherchons à présent à décrire le comportement de l'onde incidente selon l'axe de la cavité MIM (i.e. l'axe z sur la Fig. 9.9.a). La difficulté de ce traitement est de tenir compte de la dimension sub-longueur d'onde du résonateur. Pour ce faire nous allons nous inspirer du formalisme développé par Shen[26]. Considérons le système de la figure 9.9.a, c'est à dire des fentes de dimension latérale h_I disposées avec une période d dans une couche de métal parfait. Shen et al. ont proposé de décrire ce système de fentes par un matériau équivalent

---

[26]SHEN et al., « Mechanism for designing metallic metamaterials with a high index of refraction ».

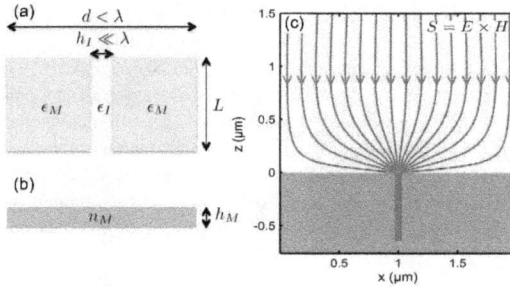

FIGURE 9.9 – (a) Schéma d'un réseau de période d constitué de fentes de largeur h_I dans une feuille d'or d'épaisseur L. (b) Matériau équivalent d'indice $\tilde{n}_M$ et d'épaisseur h_M. (c) Lignes de flux de Poynting vers une cavité MIM de type sillon absorbant totalement, extraites de Pardo et al. Elles mettent en évidence la focalisation du flux d'énergie arrivant sur la période d dans la fente de largeur h_I pour ce système.

d'indice n_M et d'épaisseur h_M comme représenté sur la figure 9.9.b. En admettant que le champ au sein de ce dernier $\bar{E}$ doit être égal au champ incident E pondéré par le facteur de concentration d/h_I du vide vers la fente, et en écrivant ensuite que les flux de Poynting, et les énergies stockées doivent être les mêmes dans les deux systèmes, les auteurs montrent que $n_M = n_I \times \frac{d}{h_I}$.

Ce type de considération peut être étendu à des fentes en métal réel. En effet Pardo et al.[27] ont montré que dans de telles fentes optimisées pour présenter une absorption quasi-totale vers $\lambda_r = 4 n_{eff} L$, le flux incident est également concentré vers la fente (Cf. Fig. 9.9.c). Nous proposons d'étendre le formalisme de Shen et al. à nos cavités composées de métaux de type Drude (i.e. l'or). L'indice équivalent doit donc être complexe puisqu'il doit décrire un milieu comportant des pertes (celles du mode dans le métal des cavités MIM). On remplace donc n_I par $\tilde{n}_{eff}$ (l'indice effectif du mode dans la cavité MIM établi au § 9.2.1). De plus pour adapter le facteur de concentration (i.e. d/h_I) j'ai ajouté deux fois l'épaisseur de peau du métal δ à la largeur de la fente h_I, pour prendre en compte le fait que la taille effective de cette dernière vue par l'onde plane incidente est plus grande que h_I, le mode "bavant" dans le métal. L'indice du matériau équivalent s'écrit donc :

$$\tilde{n}_M = n_M + j k_M = \tilde{n}_{eff} \frac{d}{(h_I + 2\delta)} \tag{9.5}$$

Ce matériau, pour présenter la même résonance Fabry-Pérot (à la longueur d'onde λ_r) que nos cavités, doit donc avoir une épaisseur h_M de :

$$h_M = \frac{\lambda_r}{4 n_M} \simeq L \frac{(h_I + 2\delta)}{d} \tag{9.6}$$

---

[27]PARDO et al., « Light Funneling Mechanism Explained by Magnetoelectric Interference ».

9.2.3   Application aux structures MIM horizontales

Nous souhaitons à présent appliquer ce formalisme aux structures MIM horizontales telles que représentées sur la figure 9.1.a. Nous avons montré au paragraphe 9.1.2 que ces structures sont équivalentes à celle représentée sur la figure 9.4.c c'est à dire des fentes d'or de largeur h_I, de profondeur $w/2$, déposées sur un miroir parfait avec une période $d/2$. Nous avons également montré au paragraphe précédent que ce réseau de sillons peut être décrit par un matériau équivalent d'indice complexe $\tilde{n}_M$, et d'épaisseur h_M, comme représenté sur la figure 9.10.c. En adaptant les équations 9.5 et 9.6, il vient que son indice et son épaisseur doivent être :

$$\tilde{n}_M = n_M + jk_M = \tilde{n}_{\textit{eff}} \frac{d}{2(h_I + 2\delta)} \tag{9.7}$$

$$h_M = \frac{\lambda_r}{4n_M} \simeq w \frac{(h_I + 2\delta)}{d} \tag{9.8}$$

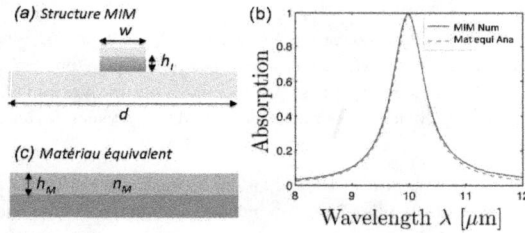

FIGURE 9.10 – Schéma d'une structure MIM (a) et de son matériau équivalent (b). (c) Spectre d'absorption de ces deux structures dans le cas de l'exemple étudié (i.e. pour le MIM : $n_I = 4$, $h_I = 200\ nm$, $w = 1.087\ \mu m$, et $d = 3.8\ \mu m$, pour le matériau équivalent : $n_M = 33.76 - 0.508j$ et $h_M = 74\ nm$).

Si on reprend l'exemple utilisé précédemment (i.e. $n_I = 4$, $h_I = 200nm$, $w = 1.087\mu m$, et $d = 3.8\mu m$), l'indice et l'épaisseur du matériau équivalent doivent être $\tilde{n}_M = 33.76 - 0.508j$ et $h_M = 74nm$. On peut remarquer que n_M est bien plus grand que l'indice attendu pour un matériau conventionnel non métallique dans l'infrarouge (typiquement $n_I \leq 5$).

Puisque le matériau équivalent est une couche homogène, la propagation de l'onde incidente dans ce dernier et sa réponse spectrale peuvent être calculées de façon analytique. Le coefficient de réflexion en amplitude de la structure représentée en 9.10.c peut être écrit en incidence normale comme suit :

$$r = \frac{r_{12} - e^{-4\pi j\tilde{n}_M h_M/\lambda}}{1 - r_{12}e^{-4\pi j\tilde{n}_M h_M/\lambda}} \tag{9.9}$$

où

$$r_{12} = (1 - \tilde{n}_M)/(1 + \tilde{n}_M). \tag{9.10}$$

La figure 9.10.d représente en bleu le spectre d'absorption de la structure MIM exemple calculé numériquement, et en tirets rouges le spectre du matériau équivalent calculé analytiquement (i.e $1 - rr^*$). Nos transformations d'espace (Cf. § 9.1.2) et nos considérations sur les caractéristiques du matériau équivalent (Cf. § 9.2.2) sont validées par le parfait accord des deux courbes. Il est important de souligner la rapidité et la simplicité de nos calculs analytiques comparés aux numériques.

Notre modèle analytique nous permet d'étudier l'influence des différents paramètres (n_I, h_I, d) sur les caractéristiques spectrales des structures MIM. En particulier je vais établir les conditions pour obtenir une absorption totale, et montrer comment ajuster le facteur de qualité. Pour ce faire, je vais continuer à placer nos résonances à $\lambda_r = 10 \ \mu$m pour ne pas être tributaire de la variation spectrale de l'indice du métal.

9.3   Dimensionnement d'absorbant total

9.3.1   Condition d'absorption totale

Nous nous proposons dans cette partie d'établir les conditions nécessaires pour obtenir une absorption quasi-totale (i.e. une réflexion nulle) avec des structures MIM. L'équation 9.9, nous indique que $r \simeq 0$ est obtenu à deux conditions :
- (i) $\lambda = 4n_M h_M$
- (ii) $r_{12} = -e^{\pi k_M/n_M}$

La première condition est triviale et bien connue[28], puisqu'elle signifie que la résonance Fabry-Pérot d'ordre 1 apparaît à $\lambda_r = 2n_{eff}w$ et peut donc être ajustée via la largeur du résonateur w.

La seconde condition correspond à l'adaptation d'impédance entre la cavité MIM et le vide, nécessaire pour obtenir une absorption quasi totale. Premièrement, il doit être noté que d'après l'équation 9.7, $k_M/n_M = k_{eff}/n_{eff}$. Ce ratio est une fonction de l'épaisseur de l'isolant, h_I uniquement (Cf. Eq. 9.3), et est représenté en bleu sur la figure 9.11.a. Ceci met en évidence le rôle particulier de h_I qui impose seul via l'indice effectif, les propriétés de la cavité MIM. En effet, dès que h_I est fixé, il impose le ratio k_{eff}/n_{eff}, et donc d'après la condition (ii), la valeur de r_{12} nécessaire pour obtenir une absorption totale. Cette dernière est représentée en vert sur la figure 9.11.a : r_{12} doit donc être réel et proche de -1. Afin d'obtenir cela, l'équation 9.10 nous indique que la partie réelle de l'indice du matériau équivalent doit être adaptée pour être égale à $n_M = (1-r_{12})/(1+r_{12})$. Les valeurs imposées à n_M sont représentées sur la figure 9.11.b. Comme on a $n_M \gg 1$ et $n_M \gg k_M$, il est possible d'avoir en effet r_{12} très proche de -1.

Nous avons donc, pour chaque valeur de l'épaisseur de diélectrique h_I, exprimé analytiquement les valeurs de n_M nécessaires pour obtenir une absorption totale. L'équation

---

[28] LE PERCHEC et al., « Plasmon-based photosensors comprising a very thin semiconducting region ».

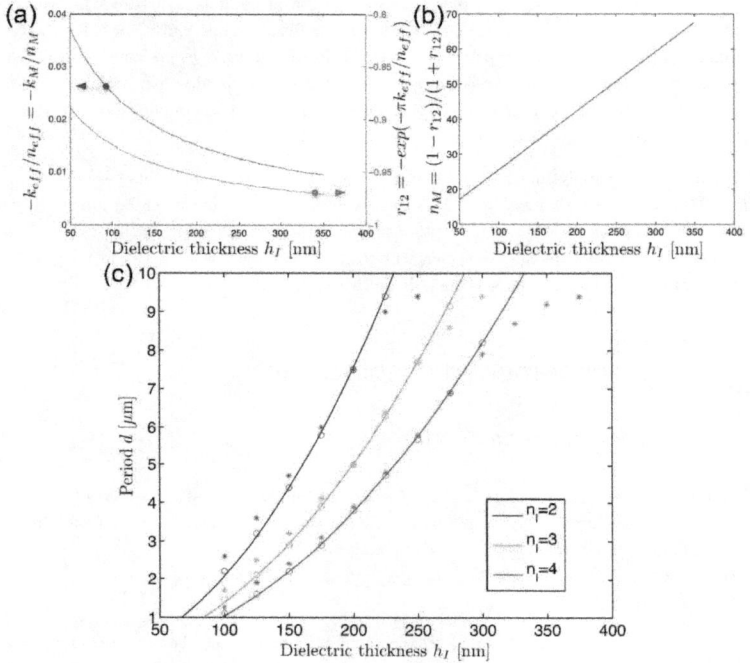

FIGURE 9.11 – Ratio k_{eff}/n_{eff} à $\lambda = 10$ μm (bleue) et le r_{12} imposé (vert) en fonction de l'épaisseur d'isolant h_I. (b) Partie réelle du matériau équivalent n_M imposée. (c) Périodes nécessaires pour obtenir une absorption quasi-totale d'après notre modèle analytique en fonction de h_I pour différent indice d'isolant n_I, en lignes pleines. Périodes les plus proches des prédictions analytiques (c-à-d les lignes pleines) pour obtenir numériquement une absorption de 99% (cercles) et de 99.9% (étoiles).

9.7 indique que ces valeurs peuvent être atteintes en jouant sur la période d et l'indice de l'isolant n_I, afin de remplir la condition (ii). La figure 9.11.c représente en ligne continue la période nécessaire pour atteindre théoriquement une absorption quasi totale, en fonction de h_I pour divers n_I. Afin de confirmer ces prédictions, des calculs numériques ont été effectués comme suit sur des structures MIM. Pour chaque couple n_I, et h_I, j'ai recherché la période d la plus proche des prédictions analytiques (i.e. les lignes continues) qui permette d'atteindre 99% d'absorption (cercles), et 99.9% d'absorption (étoiles) (Cf. Figure 9.11.c). On observe que les prévisions analytiques décrivent très bien les résultats numériques. En effet, elles donnent des périodes qui permettent effectivement d'obtenir une absorption supérieure à 99%. Néanmoins, il apparaît que pour les petites et grandes périodes (i.e. respectivement proches de w et de $\lambda_r = 10$ μm) un léger décalage entre prédiction analytique et calcul numérique menant à une absorption supérieure à 99.9%. Nous discuterons pourquoi dans le paragraphe suivant.

9.3.2 Limites du modèle

Premièrement notre recherche des conditions d'absorption quasi totale n'est valable que si la période est inférieure à la longueur d'onde de résonance, le formalisme permettant de décrire le métamatériau comme un matériau homogène n'étant plus valable au delà. Cela explique pourquoi je ne présente que des valeurs de périodes inférieures à $10\mu m$.

Deuxièmement, nous ne prenons pas en compte dans notre modèle analytique la présence des plasmons de surface propagatifs excités par le réseau périodique. En incidence normale, ils apparaissent à une longueur d'onde égale à la période. Il a été montré qu'ils peuvent se coupler à la résonance du MIM et engendrer un "anti-crossing"[29]. C'est ce phénomène de couplage qui est à l'origine de l'écart entre les calculs exacts (étoiles sur la figure 9.11.c) et nos prédictions théoriques quand la période approche de la longueur d'onde de résonance $\lambda_r = 10$ μm.

A l'autre extrémité des courbes (i.e. faible h_I), la période doit être réduite, et approche de la largeur w du MIM nécessaire pour avoir une résonance à $\lambda_r = 10\mu m$ ($w \simeq \lambda_r/2n_{eff}$). Cela tend à perturber le mode de la cavité MIM et explique pourquoi les étoiles sur la figure 9.11.c divergent légèrement par rapport aux prédictions analytiques quand la période d approche la largeur du résonateur w.

Notons que ce phénomène, dans les structures MIM absorbant quasi-totalement présentées ici, empêche d'obtenir de grands indices effectifs (i.e. $n_{eff} > 1.5 n_I$) puisque l'épaisseur ne peut être suffisamment réduite pour approcher δ (Cf. Eq. 9.4). Dans des structures de type sillons (Cf. § 9.1.2), la marge de manœuvre est beaucoup plus grande pour h_I car la période peut être réduite beaucoup plus, n'étant plus limitée par w mais par h_I lui même.

9.3.3 Facteur de qualité

Le facteur de qualité est une caractéristique essentielle d'un absorbeur résonant, et nous allons nous y intéresser dans le cadre de nos structures MIM absorbant quasi-totalement la lumière à $\lambda_r = 10\mu m$. la figure 9.12.a représente les spectres de structures MIM obtenus numériquement. Les lignes continues correspondent à des structures dont l'indice de l'isolant est $n_I = 4$, et présentant des épaisseurs h_I allant de 100 nm à 350 nm. Les spectres correspondant à deux structures présentant un isolant d'épaisseur $h_I = 150nm$, et des indices $n_I = 2$ et $n_I = 3$ sont respectivement tracés en tirets et en pointillés. Pour toutes ces structures la période d et la largeur du MIM w ont été optimisées pour obtenir une absorption quasi totale à $10\mu m$. Les spectres de ces même structures ont été calculés analytiquement

---

[29]JOUY et al., « Transition from strong to ultrastrong coupling regime in mid-infrared metal-dielectric-metal cavities ».

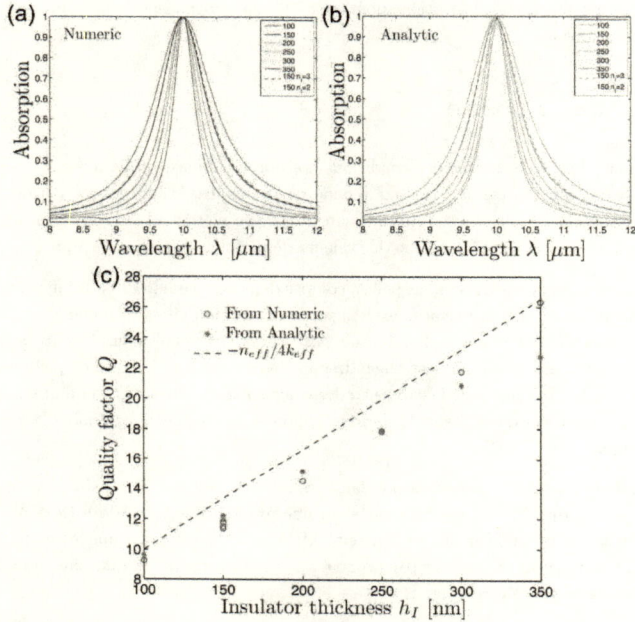

FIGURE 9.12 – Spectres calculés numériquement de structures MIM présentant un isolant d'indice $n_I = 4$ et différentes valeurs de h_I, ainsi que de deux structures pour lesquelles $h_I = 150$ nm et $n_I = 2$ et $n_I = 3$. Leurs périodes d et largeurs de ruban w ont été optimisées pour atteindre une absorption quasi-totale à $\lambda = 10\mu m$. On remarque que la *FWHM* ne dépend que de h_I. (b) Calcul analytique de ces mêmes structures. On peut noter le bon accord avec le calcul numérique. (c) Facteur de qualité de ces structures obtenu à partir des spectres calculés numériquement de la figure 9.12.a (cercles) et des spectres analytiques de la figure 9.12.b (étoiles). La ligne bleue pointillée représente une approximation analytique du facteur de qualité $Q = -n_{eff}/4k_{eff}$.

et sont représentés en figure 9.12.b. Ils démontrent la capacité de notre modèle à décrire l'ensemble du spectre.

Les facteurs de qualité $Q = \lambda_r/FWHM$ (où la *FWHM* est la largeur à mi-hauteur) mesurés sur les spectres numériques et analytiques sont représentés sur la figure 9.12.c respectivement par des cercles et des étoiles. L'accord entre prédictions analytiques et numériques est excellent sauf pour les grandes valeurs de h_I. Ces dernières nécessitent des valeurs de la période d proches de λ_r et entraînent un couplage avec les plasmons de surface qui tend à augmenter Q. On peut remarquer que le facteur de qualité parait proportionnel à l'épaisseur de l'isolant h_I, et indépendant de son indice n_I ainsi que de la période d. Ces observations peuvent être expliquées grâce à notre modèle analytique. En effet, en utilisant l'équation 9.9, il apparaît que le facteur de qualité peut être approximé par :

$$Q = -\frac{n_{eff}}{4k_{eff}} \qquad (9.11)$$

Comme le montre la figure 9.12.c, cette approximation représentée par la ligne bleue décrit relativement bien les facteurs de qualité. Ceci explique également pourquoi Q est indépendant de n_I et de d, mais dépend linéairement de h_I (Cf. Eq. 9.3). Le facteur de qualité d'un résonateur MIM peut donc être ajusté en jouant sur l'épaisseur de diélectrique et atteindre des valeurs comprises entre 10 et 27 si on s'impose une absorption quasi-totale.

9.4 Conclusion

J'ai d'abord présenté les propriétés des résonateurs MIM. Ces derniers permettent d'obtenir des absorptions omnidirectionnelles, quasi-totales, accordables dans des volumes sublongueur d'onde. Ces propriétés les rendent intéressants pour de nombreuses applications en opto-électronique. J'ai montré que le caractère local de la résonance permet d'obtenir la même résonance avec des structures apparemment très différentes (MIM, "MIM C", sillon). Ensuite j'ai proposé un modèle analytique inspiré du formalisme de Shen et al., et permettant de décrire ces résonateurs comme des couches de matériaux équivalents. La simplicité et la rapidité de ce modèle en fait un outil intéressant pour la conception de fonctions optiques. En effet, il m'a permis d'établir pour la première fois les conditions nécessaires pour obtenir une absorption quasi-totale et ajuster le facteur de qualité.

Sommaire

N ous allons étudier la combinaison de plusieurs structures MIM au sein de la même période sub-longueur d'onde, ce qui était jusqu'ici un terrain inexploré. Je montrerai théoriquement et expérimentalement que ces résonateurs peuvent se comporter de manière indépendante et présenter chacun une absorption totale à leur propre longueur d'onde de résonance. La combinaison de ces résonateurs ouvre donc la voie à la réalisation d'absorbants large bande. Enfin je mettrai en évidence un phénomène de tri de photon à l'échelle sub-longueur d'onde, qui peut être exploité notamment pour des applications en détection hyperspectrale. Ces résultats ont fait l'objet de plusieurs publications[1],[2],[3].

---

[1] KOECHLIN et al., « Total routing and absorption of photons in dual color plasmonic antennas ».

[2] BOUCHON et al., « Wideband omnidirectional infrared absorber with a patchwork of plasmonic nanoantennas ».

[3] KOECHLIN et al., « Analytical description of subwavelength plasmonic MIM resonators and of their combination. »

10.1   Combinaison de deux résonateurs 1D

10.1.1   Principe

Nous avons vu au chapitre précédent qu'il est possible d'obtenir des absorptions quasi totales à une longueur d'onde λ_r avec des structures MIM disposées périodiquement, telles que (i) la période soit inférieure à la longueur d'onde résonance $d < \lambda_r$ et que (ii) les dimensions latérales (typiquement pour des rubans en 1D et des plots carrés en 2D) soient de l'ordre de $w = \lambda_r / 2n_{eff}$ où $n_{eff} > n_I$ est l'indice effectif du mode guidé dans la cavité MIM. Ainsi en choisissant un diélectrique d'indice n_I supérieur à 2, il est possible d'avoir un taux de remplissage inférieur à 50% ($w < d/2$) et une absorption totale à λ_r. Ceci offre donc la possibilité d'un point de vue stérique, d'insérer plusieurs résonateurs MIM de largeur $w < d/2$ dans la même période sub-longueur d'onde d.

Afin d'étudier les propriétés de telles structures faites d'un 'patchwork' de nanoantennes nous allons d'abord nous focaliser sur une structure constituée de la juxtaposition de deux résonateurs unidimensionnels, comme représenté sur la figure 10.1.b. Elle sera appelée biMIM pour la suite.

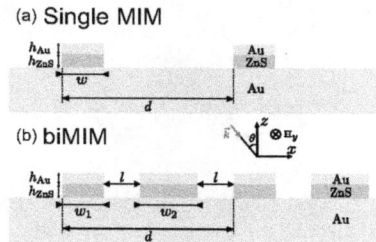

FIGURE 10.1 – (a) Schéma d'une structure MIM simple. (b) Schéma d'une structure biMIM faite de deux rubans de largeurs w_1 et w_2 insérés dans une même période d et espacés de $l = (d - w_1 - w_2)/2$.

Pour commencer, une structure MIM typique (Cf. Fig 10.1.a) permettant d'avoir une absorption totale avec un faible taux de remplissage ($w < d/2$) a été optimisée. Le diélectrique utilisé est du sulfure de zinc (ZnS) qui présente un indice relativement élevé : $n_{ZnS} = 2,2$. La période a été fixée à $d = 5$ μm, permettant de n'avoir aucun ordre diffracté en bande 8-12 μm jusqu'à des angles d'incidence de $\theta = 30°$. Les calculs montrent qu'une épaisseur de ZnS de $h_I = 150$ nm permet d'avoir une absorption quasi totale sur toute la bande 8-12 μm en modulant w. J'ai donc choisi de fabriquer une telle structure comportant deux rubans de largeurs $w_1 = 1,62$ μm et $w_2 = 1,74$ μm espacés de $l = (d - w_1 - w_2)/2 = 0,82$ μm (Cf. Fig 10.1.b).

10.1.2 Fabrication

Contrairement à la plupart des structures MIM reportées[4],[5],[6], j'ai choisi d'utiliser une couche diélectrique non continue et de faire des rubans constitués d'un empilement diélectrique/métal parce que comme nous le verrons par la suite (Cf. chapitre 11) je recherche des résonateurs indépendants ayant effectivement un petit volume. De plus la réalisation de nos structures sub onguéur d'onde nécessite une lithographie électronique pour avoir des rubans micrométriques de taille bien définie et cette dernière est plus aisée à réaliser sur une surface conductrice.

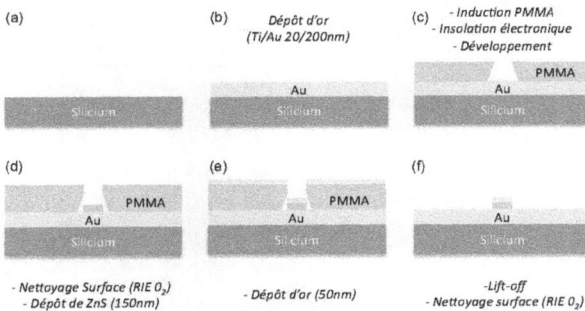

FIGURE 10.2 – Procédé de fabrication des structures MIM développé.

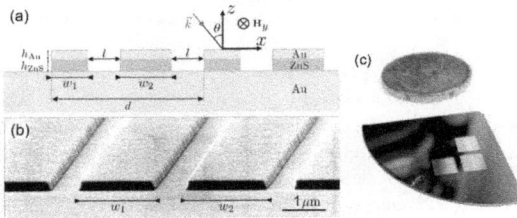

FIGURE 10.3 – (a) Schéma de l'échantillon. (b) Images MEB d'un des réseaux. (c) Image visible de l'échantillon comportant trois réseaux sur un quart de wafer deux pouces.

Le procédé que j'ai développé est présenté figure 10.2. On part d'un substrat de silicium poli (a) sur lequel on dépose une couche continue de 200nm d'or grâce à un évaporateur par faisceau d'électrons (b). Une résine PMMA est déposée à la tournette et structurée par lithographie électronique (c), puis la couche de 150 nm de ZnS est alors déposée par évapora-

---

[4]LE PERCHEC et al., « Plasmon-based photosensors comprising a very thin semiconducting region ».
[5]HAO et al., « High performance optical absorber based on a plasmonic metamaterial ».
[6]HAO et al., « Nearly total absorption of light and heat generation by plasmonic metamaterials ».

tion (d). Le contrôle de son épaisseur et de son indice optique est effectué in situ grâce à un ellipsomètre spectrométrique. Afin d'assurer sa bonne adhésion et la qualité des interfaces, une brève RIE oxygénée est effectuée pour retirer les éventuels restes de résines au fond des sillons avant le dépôt du ZnS. Ensuite la couche d'or supérieure est déposée à son tour (e). Enfin les rubans de ZnS et d'or sont obtenus par lift-off dans du dimethyl sulfoxide à 170 °C (f). Une deuxième brève RIE oxygénée est effectuée pour retirer d'éventuels fonds de résine. Des images aux microscopes électroniques et optiques de l'échantillon sont représentées sur la figure 10.3.

10.1.3 Caractérisation

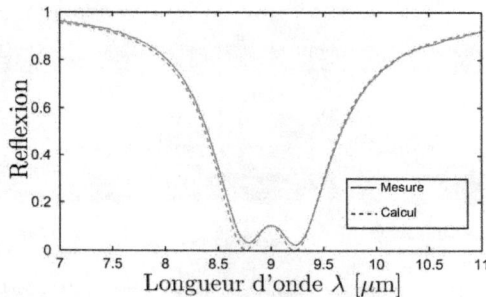

FIGURE 10.4 – Spectre de réflectivité de la structure biMIM fabriquée en polarisation TM et pour une incidence de 13°, mesuré (ligne pleine rouge) et calculé (tirets roses).

Les spectres de réflectivité de l'échantillon ont été mesurés pour une polarisation TM, à différents angles d'incidence θ dans un spectromètre infrarouge à transformée de Fourier (FTIR). Le spectre obtenu à l'incidence minimale de notre spectromètre, $\theta = 13°$, est représenté en ligne pleine rouge sur la figure 10.4. Notre structure biMIM présente expérimentalement une absorption supérieure à 95% à deux longueurs d'onde de résonance : $\lambda_r^1 = 8.75$ μm et $\lambda_r^2 = 9.22$ μm. On peut noter l'excellent accord avec le calcul numérique représentée en tirets roses.

Pour beaucoup d'applications pratiques, il est très important que le spectre d'aborption soit indépendant de l'angle d'incidence. J'ai mesuré les spectres pour des incidences comprises entre 13° et 70° et des longueurs d'onde allant de 6,6 μm à 15 μm d'une deuxième structure biMIM présentant des rubans de largeurs $w_1 = 1.87$ μm et $w_2 = 1.99$ μm (donnant lieu respectivement à des résonances à $\lambda_r^1 = 10$ μm et $\lambda_r^2 = 10.5$ μm).

La figure 10.5.a montre que la longueur d'onde des pics de résonances est constante même pour les grands angles d'incidence. Comme dans les structures MIM simples, la localisation de la résonance Fabry-Pérot dans chaque ruban induit un comportement indépendant de l'angle d'incidence. De plus, on peut voir sur la figure 10.5.b que le niveau d'absorption

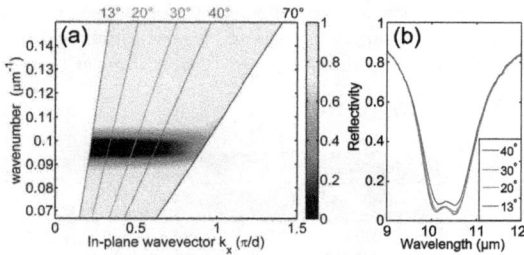

FIGURE 10.5 – (a) Diagramme de dispersion mesuré sur une structure biMIM constituée de rubans de largeurs $w_1 = 1.87$ et $w_2 = 1.99$ μm pour des angles d'incidence entre 13° et 70° et des longueurs d'onde entre 6,6 μm et 15 μm. (b) Spectres de réflectivité mesurés à différentes angles d'incidence.

reste constant jusqu'à 40°.

10.2 Tri de photons

10.2.1 Juxtaposition des résonances

J'ai ainsi démontré la possibilité d'insérer deux résonateurs MIM unidimensionnels dans une même période sub-longueur d'onde, ce qui permet d'obtenir deux pics d'absorption quasi-totale. La structure typique que j'ai fabriquée et dont le spectre calculé est rappelé en rouge en figure 10.6 présente en effet deux résonances à $\lambda_r^1 = 8.75$ μm et $\lambda_r^2 = 9.22$ μm menant à une absorption quasi-totale. De plus ces longueurs d'ondes sont quasiment les mêmes que celles attendues pour les deux structures MIM simples équivalentes de largeurs respectives w_1 et w_2 dont les spectres sont représentés en tirets verts sur la figure 10.6.

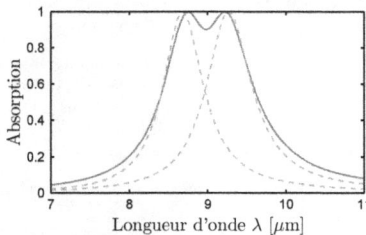

FIGURE 10.6 – Spectre d'absorption calculé de la structure biMIM fabriquée présentant deux rubans de largeur $w_1 = 1.62$ μm et $w_2 = 1.74$ μm répartis sur une période $d = 5$ μm en rouge et de deux structures MIM de largeur respective w_1 et w_2 dans une période d en tirets verts.

Cela suggère que le spectre de la structure biMIM n'est autre que la combinaison des spectres des structures MIM simples équivalentes, et que les résonances ayant lieu dans chacun des rubans ne sont pas perturbées de façon significative par la présence de l'autre ruban.

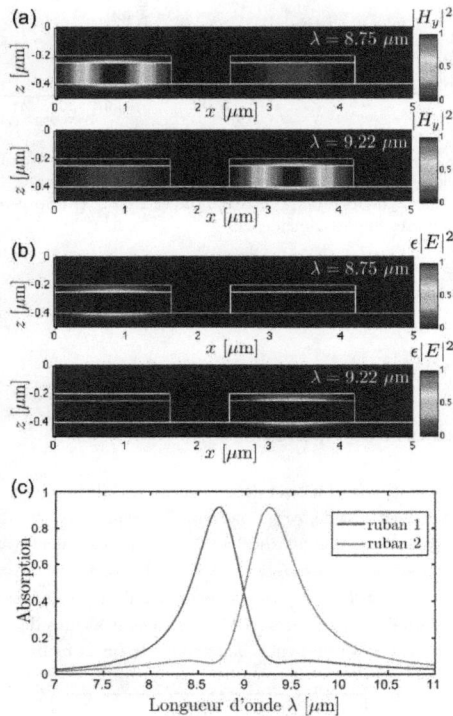

FIGURE 10.7 – Cartographies (vue de côté) du champ magnétique (a) et de la dissipation (b) en unité arbitraire dans la structure biMIM fabriquée, calculées aux deux longueurs d'onde de résonance : $\lambda_r^1 = 8.75~\mu\text{m}$ et $\lambda_r^2 = 9.22~\mu\text{m}$. A λ_r^i, le champ et la dissipation sont concentrés dans le ruban de largeur w_i ce qui met en évidence le phénomène de tri de photons. (c) Spectre d'absorption dans chacun des rubans de la structure biMIM.

La figure 10.7.a représente la cartographie du champ magnétique $|H_y|^2$ dans la structure biMIM à chacune de ses longueurs d'onde de résonance. On peut voir qu'à la longueur d'onde de résonance λ_r^i, le champ est concentré uniquement dans le ruban de largeur w_i. Les cartes de l'absorption (Cf. Fig. 10.7.b) données par la partie imaginaire de $\epsilon|E|^2$, où E est le champ électrique, indiquent que l'absorption a lieu dans le métal à son interface avec le ZnS. Cela suggère que deux résonateurs MIM insérés dans la même période sub-longueur d'onde peuvent se comporter comme des antennes découplées qui trient les photons à leur longueur d'onde de résonance. La localisation des deux résonances Fabry-Pérot dans chacun des rubans assure donc leur indépendance, et leur présence dans le spectre de la structure biMIM.

Ceci est confirmé par la figure 10.7.c qui représente le spectre d'absorption dans chaque ruban de la structure biMIM. Dans la structure que j'ai fabriquée, le rapport des absorptions entre les deux rubans (i.e. l'efficacité du tri) atteint 95%/5% près des λ_r^i. Ce mécanisme correspond donc à un tri bicolore des photons, puisque près de λ_r^i la quasi-totalité des photons incidents sur la structure est absorbée seulement dans le résonateur de largeur w_i. Une structure similaire a été publiée simultanément par le CEA-LETI[7]. Le tri de photons en transmission (et non pas en absorption) avait néanmoins déjà été démontré[8],[9] récemment mais avec des structures basées sur des plasmons de surface propagatifs dans des réseaux métalliques (de type "Bull's eye"). Contrairement au nôtre, ce procédé de tri dépend intrinsèquement de l'angle d'incidence, ce qui est une forte limitation en termes applicatifs.

10.2.2 Comportement angulaire

Nous avons vu grâce à la mesure de nos structures biMIM que leur spectre d'absorption est indépendant de l'angle d'incidence au moins jusqu'à 40° (Cf. Fig. 10.5). Cette propriété est due à la nature localisée des résonances, qui est également à l'origine du mécanisme de tri mis en évidence. J'ai donc voulu vérifier que ce dernier est lui aussi indépendant de l'angle.

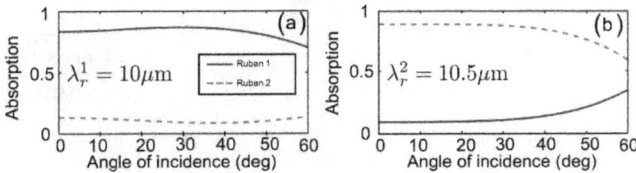

FIGURE 10.8 – Absorption dans chacun des rubans calculée en fonction de l'angle d'incidence à (a) $\lambda_r^1 = 10$ μm et (b) $\lambda_r^2 = 10.5$ μm. Le mécanisme de tri est indépendant de l'angle d'incidence jusqu'à 40°.

Les figures 10.8.a-b représentent à la longueur d'onde de résonance λ_r^i, l'absorption calculée dans chacun des rubans en fonction de l'angle d'incidence. Le niveau d'absorption dans chacun des rubans apparaît comme constant jusqu'à 40°. La structure biMIM se comporte donc comme un absorbant indépendant de l'angle permettant un tri et une absorption quasi-totale des photons.

[7]LE PERCHEC et al., « Subwavelength optical absorber with an integrated photon sorter ».
[8]LAUX et al., « Plasmonic photon sorters for spectral and polarimetric imaging ».
[9]AOUANI et al., « Plasmonic antennas for directional sorting of fluorescence emission ».

10.2.3   Couplages

Afin d'étudier plus en détail la combinaison de ces résonateurs, les éventuels couplages, et le mécanisme de tri de photons à l'œuvre nous nous proposons d'étudier maintenant diverses structures biMIM et de les comparer à leurs structures MIM équivalentes. La figure 10.9.a représente la réflectivité de structures biMIM dans un plan $(\delta w, \lambda)$ où δw est la différence de largeur entre les deux rubans $(w_1 = W - \delta w/2, \; w_2 = W + \delta w/2,$ et $W = 1.685 \; \mu m)$ et détermine donc la différence entre leurs longueurs d'onde de résonance $\lambda_r^2 - \lambda_r^1$. Deux bandes correspondant à une absorption quasi-totale qui se croisent en $\delta w = 0$ sont observées et peuvent être attribuées aux résonances Fabry-Pérot présentes dans chacun des rubans à $\lambda_r^i = 2 n_{eff} w_i$. En effet les deux lignes pointillées blanches de la figure 10.9.a correspondent aux longueurs d'onde de résonances λ_r de structures MIM simples de largeurs respectives w_1 et w_2.

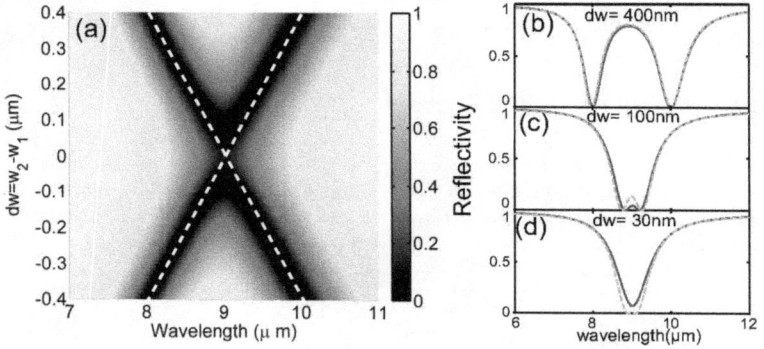

FIGURE 10.9 – (a) Cartographie des spectres de réflexion de structure biMIM en fonction de $\delta w = w_2 - w_1$ où $w_1 = W - \delta w/2, \; w_2 = W + \delta w/2,$ et $W = 1.685 \; \mu m$. La lumière arrive avec une polarisation TM en incidence normale. Les tirets blancs donnent la position du pic de résonance de structures MIM simples de largeurs w_1 et w_2. Spectres de réflectivité de structure biMIM (lignes bleues) comparés au produit des réflectivités des structures MIM simples (tirets verts) calculés pour (b) $\delta w = 400$ nm, (c) $\delta w = 100$ nm, (d) $\delta w = 30$ nm.

Lorsque δw est suffisamment grand, la réponse des structures biMIM apparaît là encore comme la combinaison des structures MIM équivalentes. Néanmoins la réflectivité des premières n'est pas donnée par la simple demi-somme des réflectivités de ces dernières à cause du comportement spécifique de ces structures sub-longueur d'onde. En effet, la réflectivité R de nos structures biMIM dont trois spectres sont représentés en bleu figure 10.9.b-d est correctement décrite par le produit des réflectivités des structures MIM équivalentes représenté en tirets verts. Ceci peut s'expliquer en considérant les probabilités d'absorption des photons. Les deux résonances étant localisées dans les rubans et semblant découplées, la probabilité R pour un photon de ne pas être absorbé dans la structure biMIM est décrite par le produit $R = R_1 \times R_2$ des deux probabilités indépendantes R_1 et R_2 de ne pas être absorbé dans les structures MIM simples équivalentes prises séparément. Notons que cette loi, combinée au modèle analytique présenté au chapitre précédent, permet de calculer le spectre de structure obtenues par combinaison de MIM non couplés, ce qui est un gain énorme en terme de temps de calcul[10].

En conséquence tout écart par rapport à cette relation correspond à un couplage. Pour les grandes valeurs de δw (Cf. Fig. 10.9.b pour $\delta w = 400$ nm) le modèle décrit parfaitement le comportement du biMIM. Quand les longueurs d'onde des résonateurs se rapprochent (i.e. δw typiquement inférieur à 100 nm) le léger désaccord visible sur les figures 10.9.c-d met en évidence un couplage qui va même jusqu'à engendrer un pic unique d'absorption pour le biMIM (Cf. Fig. 10.9.d pour $\delta w = 30$ nm). Ce modèle est en accord avec le mécanisme de tri de photon qui veut qu'à λ_r^i, le champ soit localisé dans la résonance Fabry-Pérot du ruban de largeur w_i. De manière surprenante, malgré le recouvrement spectral entre les résonateurs, l'efficacité du tri reste élevée. Ceci est analysé dans les figures 10.10a-c où les spectres d'absorption dans chacun des rubans des trois structures exemples précédentes sont représentés.

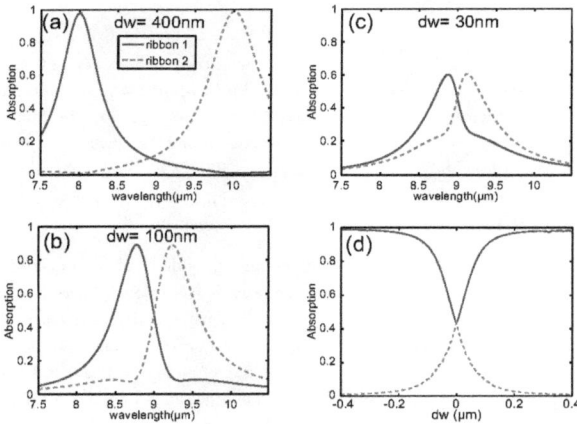

FIGURE 10.10 – Spectres d'absorption dans chacun des rubans de structures biMIM où (a) $\delta w = 400$ nm, (b) $\delta w = 100$ nm, (c) $\delta w = 30$ nm. (d) Évolution de l'absorption dans chacun des rubans, à la longueur d'onde d'absorption maximale dans le ruban 1, en fonction de δw.

En effet, quand les résonateurs sont découplés, on observe un tri parfait (100%/0%) à chacune des résonances (Cf. Fig 10.10.a). Cette efficacité du tri reste élevée (i.e. 95%/5% quand $\delta w = 100$ nm, Fig. 10.10.b), même si les spectres des résonateurs se recouvrent

---

[10]KOECHLIN et al., « Analytical description of subwavelength plasmonic MIM resonators and of their combination. »

fortement et si ils sont légèrement couplés. Ceci est confirmé par la figure 10.10.d qui présente les spectres d'absorption dans chaque ruban, à la longueur d'onde où l'absorption dans le premier est maximale, en fonction de δw. Cette courbe montre en particulier que des photons seulement séparés de 500 nm près de 10 μm peuvent être séparés et collectés à deux endroits distincts.

On peut également noter que près des longueurs d'onde de résonance, le ruban non-résonant absorbe moins de photons que s'il était isolé dans une structure MIM simple. Cet effet est visible notamment en figure 10.10.b où les Lorentziennes des spectres d'absorption montrent une dissymétrie marquée. Cela suggère que les résonateurs à leur résonance ré-coltent plus efficacement les photons que leurs voisins. Un tel phénomène assure l'efficacité du mécanisme de tri malgré le recouvrement spectral des résonateurs pris séparément.

Enfin quand les résonateurs sont trop couplés (i.e. $\delta w < 100$ nm, Cf. Fig. 10.10.c pour le cas $\delta w = 30$ nm), l'efficacité du tri chute largement pour atteindre 50%/50% quand $\delta w = 0$ nm (Cf. Fig. 10.10.d).

10.2.4   Vers des absorbants large bande

Nous avons étudié en détail une structure modèle constituée de deux résonateurs MIM 1D. Une structure constituée de 4 résonateurs MIM 2D sera présentée au paragraphe suivant. Dans ce cas l'étude théorique par résolution numériques des équations de Maxwell en 3D est plus difficile à mener car les temps de calculs sont prohibitifs (plusieurs jours pour un spectre de résolution acceptable). Néanmoins, les possibilités de combinaisons ne s'arrêtent bien évidemment pas à celles que j'ai présentées, puisque l'on peut jouer aussi bien sur la forme des spectres des résonateurs, que sur leur combinaison.

Entre autres, on peut vouloir chercher à combiner plus de résonateurs côte-à-côte dans la même période sub-longueur d'onde. Pour ce faire, l'utilisation d'un isolant présentant un plus fort indice, comme le germanium ($n = 4$), permettrait de réduire leur largeur w : $w \simeq \lambda/4n_I$. Un exemple de structure 1D comprenant quatre résonateurs dont l'épaisseur d'isolant est $h_I = 300$ nm, placés côte à côte dans une période $d = 5.32$ μm est représentée figure 10.11.a avec son spectre. On y voit clairement les quatre pics induits par les quatre résonateurs s'étalant sur l'ensemble de la bande 8-12 μm.

Néanmoins si l'on chercher à réaliser un absorbant total ce type de structure a des limites. En effet pour élargir le spectre, on doit juxtaposer le plus possible de résonateurs, ce qui nécessite d'utiliser des isolants de grand indice pour diminuer leur taille. Mais, comme nous l'avons vu au paragraphe 9.3.1, cela n'est possible, pour une période donnée, qu'en augmentant l'épaisseur h_I de l'isolant, ce qui conduit à une augmentation du facteur de qualité Q des résonateurs (Cf. § 9.3.3). Les spectres obtenus en combinant ces résonateurs présentent donc des pics très marqués comme on le voit sur le spectre de la figure 10.11.a.

Pour contourner ce problème, il faut être capable de diminuer le facteur de qualité, et donc de diminuer h_I et la période d. Une des solutions est de superposer les résonateurs dans la

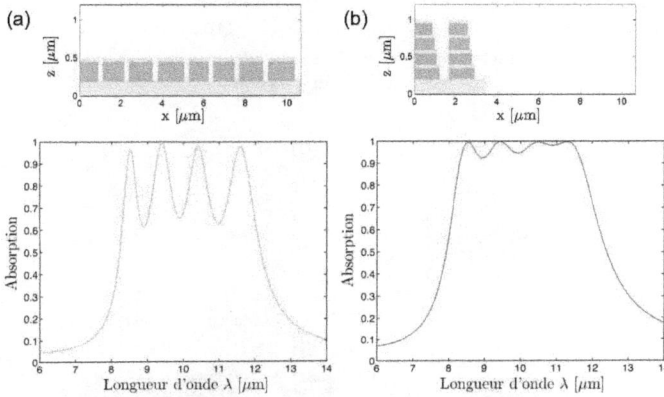

FIGURE 10.11 – (a) Schéma et spectre d'une structure faite de quatre résonateurs de largeur w_i juxtaposés et séparés de 250 nm. Les autres paramètres sont les suivants : $n_I = 4$, $h_I = 300$nm, $d = 5.32\ \mu$m, $w_1 = 0.91$, $w_2 = 1.01$, $w_3 = 1.13$, $w_4 = 1.27\ \mu$m (b) Schéma et spectre d'une structure faite de quatre résonateurs superposés de largeur w_i. Les paramètres sont les suivants : $n_I = 4$, $h_I = 150$nm, $d = 1.71\ \mu$m, $w_1 = 0.88$, $w_2 = 0.98$, $w_3 = 1.09$, $w = 1.21\ \mu$m.

même période plutôt que de les juxtaposer. Un exemple d'une telle structure ($d = 1.71\ \mu$m, $h_I = 150$ nm) est présenté figure 10.11.b avec son spectre. On voit que contrairement à l'exemple précédent les pics sont moins marqués, et la structure absorbe donc presque tout le rayonnement incident sur la bande 8-12 μm.

10.3 Absorbants omnidirectionnels 2D

J'ai présenté aux paragraphes précédents l'étude de structures unidimensionnelles faites de deux rubans. Nous allons maintenant montrer que les mécanismes observés existent également dans des structures bidimensionnelles qui ont l'avantage d'absorber les deux polarisations, et de permettre l'insertion d'un plus grand nombre de résonateurs d'aire w^2 dans une même période de surface d^2.

10.3.1 Démonstration

Les structures unidimensionnelles sont polarisantes et n'absorbent donc au mieux que la moitié de la lumière non polarisée. Plusieurs papiers ont proposé l'utilisation d'antennes "patch" dont l'absorption n'est pas polarisée[11],[12],[13]. Néanmoins la combinaison de MIM 2D n'a jamais été étudiée. De plus, les dispositifs à base de MIM 2D précédemment reportés présentent des facteurs de remplissage élevés (i.e. supérieurs à 25%) ce qui ne permet pas des les juxtaposer dans une période sublongueur d'onde.

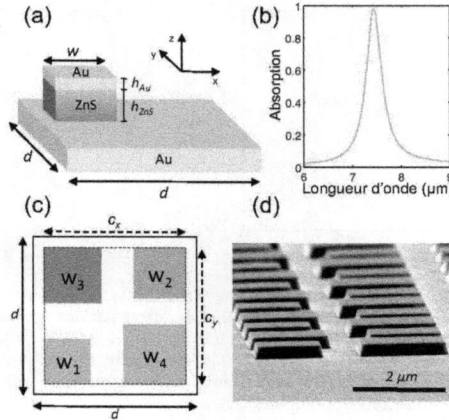

FIGURE 10.12 – (a) Schéma d'une structure MIM simple carrée. (b) Spectre d'absorption simulé d'une structure MIM simple carrée de côté $w = 1,62$ μm avec des épaisseurs de ZnS et d'or de respectivement $h_{ZnS} = 290$ nm et $h_{Au} = 50$ nm et une période $d = 5,3$ μm. (c) Schéma vu de haut de la structure fabriquée faite d'un patchwork de quatre antennes. Les quatre résonateurs sont placés dans les angles d'une rectangle de dimensions $c_x \times c_y = 4,41\mu$m $\times$ $4,47\mu$m. (d) Image MEB de l'échantillon fabriqué. On reconnaît le patchwork de quatre antennes.

J'ai opté pour l'utilisation de plots MIM carrés de côté w et disposés avec une même période d selon les axes x et y (Cf. Fig. 10.12.a). Ce type de structure reste facile à simuler et à fabriquer tout en possédant les symétries nécessaires pour ne pas présenter une réponse polarisée. Afin de réduire le facteur de remplissage de ces structures $(w/d)^2$, j'ai procédé comme ci-dessus pour les structures 1D. Voulant obtenir des résonances en bande 8-12 μm, j'ai fixé la période à $d = 5,3$ μm pour éviter d'avoir des ordres diffractés même à des angles d'incidence relativement élevés ($\theta = 30°$). En utilisant toujours du ZnS ($n_I = 2,2$) comme isolant, et sachant que la longueur d'onde de résonance est de l'ordre de $\lambda_r \simeq 2n_I w$, on voit que l'on peut avoir des facteurs de remplissage inférieurs à 15% permettant de placer, d'un point de vue stérique, plusieurs résonateurs dans la même période.

---

[11]HAO et al., « High performance optical absorber based on a plasmonic metamaterial ».

[12]LIU et al., « Infrared perfect absorber and its application as plasmonic sensor ».

[13]CATTONI et al., « $\lambda^3/1000$ plasmonic nanocavities for biosensing fabricated by Soft UV Nanoimprint Lithography ».

Grâce au logiciel Reticolo, basé sur une méthode modale de Fourier[14] [15], j'ai trouvé qu'une épaisseur de ZnS de $h_{ZnS} = 290$ nm permet une absorption quasi-totale sur toute la bande 8-12 μm en ajustant w. La figure 10.12.b représente le spectre d'une telle structure ayant un côté $w = 1,62$ μm, et présentant une résonance à $\lambda_r = 7,4$ μm. Ceci confirme bien la possibilité de réaliser un patchwork de résonateurs (ici quatre) dans la même période sub-longueur d'onde. S'ils sont suffisamment découplés, ils pourront chacun présenter une absorption totale comme nous l'avons vu au paragraphe 10.2.3. J'ai donc réalisé, avec le procédé décrit ci-dessus, un tel échantillon en plaçant les quatre patchs dans la période comme représenté sur la figure 10.12.c. Les dimensions des quatre plots sont respectivement $w_1 = 1.64$ μm, $w_2 = 1.78$ μm, $w_3 = 1.91$ μm, et $w_4 = 2.07$ μm. Une image MEB de la structure est représentée selon une vue de côté figure 10.12.d.

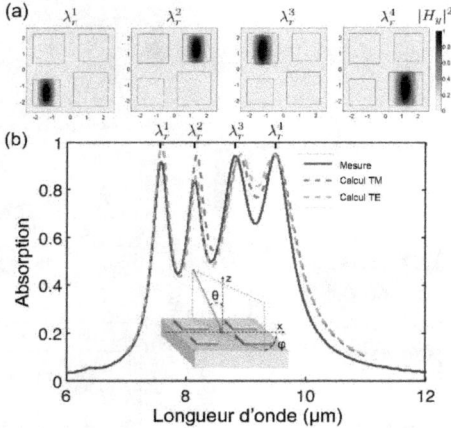

FIGURE 10.13 – (a) Cartographies de la valeur moyenne du champ magnétique dans la couche d'isolant de la structure à 4 MIM à ses longueurs d'onde de résonance pour un angle d'incidence $\theta = 13°$ et un angle azimutal $\varphi = 0°$ en polarisation TM. Elles illustrent la localisation du champ. (b) Spectres d'absorption mesuré, et calculé pour les deux polarisations à un angle d'incidence $\theta = 13°$ et un angle azimutal $\varphi = 0°$. Quatre pics sont observés à $\lambda_r^1 = 7,58$ μm, $\lambda_r^2 = 8,17$ μm, $\lambda_r^3 = 8,9$ μm, et $\lambda_r^4 = 9,47$ μm.

La réflectivité de cette structure a été mesurée au FTIR entre 6 et 12 μm. La figure 10.13.b représente le spectre d'absorption de l'échantillon obtenu sans polariseur à une incidence de $\theta = 13°$, et un angle azimutal que l'on définira pour la suite comme étant $\varphi = 0°$ (Cf. l'encart de la figure 10.13.b). La structure présente quatre résonances dont l'absorption dépasse les 80% à $\lambda_r^1 = 7,58$ μm, $\lambda_r^2 = 8,17$ μm, $\lambda_r^3 = 8,9$ μm, $\lambda_r^4 = 9,47$ μm et son spectre est

---

[14]LALANNE et al., « Highly improved convergence of the coupled-wave method for TM polarization ».
[15]J. Hugonin and P. Lalanne, Reticolo sofware for grating analysis, Insitut d'Optique, Palaiseau, France, 2005.

en bon accord avec ceux calculés en polarisation TM et TE[16]. On peut remarquer sur le spectre la signature d'un léger couplage entre les résonateurs : par exemple le pic à λ_r^2 est légèrement plus bas que les autres, alors que pris séparément les résonateurs présentent le même niveau d'absorption. De plus les longueurs d'onde de résonance des MIM individuels, et les λ_r^i de notre structure sont légèrement décalées. Néanmoins, les cartographies du champ magnétique moyen dans la couche de ZnS, calculées pour chacune des longueur d'onde de résonance (Cf. 10.13.a), nous apprennent que les résonances sont bien localisées dans un seul patch. Les résonateurs se comportent donc de manière relativement indépendante, et collectent plus de 80% de la lumière incidente à chacune des longueurs d'onde de résonance. Cette structure absorbe donc expérimentalement plus de 70% de la lumière incidente sur une bande large de $2,5$ μm autour de $8,5$ μm. Par ailleurs à chaque λ_r^i, la lumière est absorbée dans un très petit volume, moins de $\lambda^3/500$.

10.3.2   Omnidirectionnalité

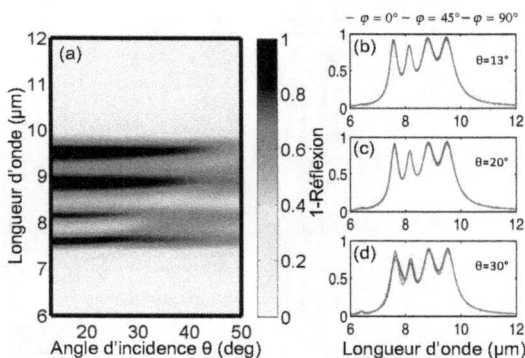

FIGURE 10.14 – (a) 1-Réflexion mesurée en fonction de la longueur d'onde λ et de l'angle d'incidence θ pour un angle azimutal $\varphi = 0°$. (b)-(d) Spectres de 1-Réflexion mesurés pour des angles d'incidence de (b) $\theta = 13°$, (c) $\theta = 20°$, (d) $\theta = 30°$ et des angles azimutaux de $\varphi = 0°$ (rouge), $\varphi = 45°$ (vert), $\varphi = 90°$ (bleu). Les longueurs d'onde de résonance λ_r^i comme le niveau d'absorption sont quasi-constants.

L'absorption des structures MIM carrées est connue pour être indépendante de l'angle d'incidence grâce à la nature localisée de la résonance. De plus la géométrie de la structure assure son insensibilité à la polarisation. Les MIM carrés simples présentent donc une absorption omnidirectionnelle. Afin de vérifier que notre patchwork conserve cette propriété, j'ai mesuré sa réflexion R sur la bande 6-12 μm pour des angles d'incidences s'étalant de $\theta = 13°$ à $\theta = 50°$ et diverses valeurs de l'angle azimutal φ. La figure 10.14.a représente la

---

[16]Le calcul numérique d'un tel spectre prend plusieurs jours

cartographie de $1 - R$[17] en fonction de la longueur d'onde λ et de l'angle d'incidence θ, pour l'angle azimutal $\varphi = 0°$. Les longueurs d'onde des quatre résonances apparaissent comme indépendantes de l'angle d'incidence, ce qui confirme leur localisation dans un seul des MIM, même quand l'angle d'incidence varie.

Les figures 10.14.b-d montrent les spectres de $1 - R$ de la structure pour des angles d'incidence de $\theta = 13°$, $\theta = 20°$ et $\theta = 30°$ et des angles azimutaux de $\varphi = 0°$ (rouge), $\varphi = 45°$ (vert) et $\varphi = 90°$ (bleu). Les longueurs d'onde de résonance sont insensibles à l'angle azimutal, comme elles le sont à l'angle d'incidence, ce qui confirme le caractère omnidirectionnel de l'absorption de notre patchwork. De plus le niveau d'absorption reste quasiment constant jusqu'à des angles relativement élevés ($\theta = 30°$) quel que soit l'angle azimutal. Au-delà, la présence d'ordres diffractés ne permet pas de déterminer l'absorption par une simple mesure de la réflexion spéculaire.

Notre patchwork de nanoantennes[18] constitue donc un absorbant infrarouge, large bande, et omnidirectionnel

10.4 Conclusion

J'ai démontré la possibilité de combiner des résonateurs MIM carrés dans une même période sub-longueur d'onde, tout en conservant leurs propriétés d'absorption totale omnidirection-nelle, ainsi que la localisation des résonances. Ces patchworks permettent donc, dans une certaine mesure, de sculpter le spectre d'absorption d'une surface, et notamment de l'élargir. Cela peut être utilisé par exemple pour la réalisation de surface anti-réfléchissante[19] (inté-ressantes pour diminuer la signature infrarouge d'un objet), ou de sources thermiques[20].

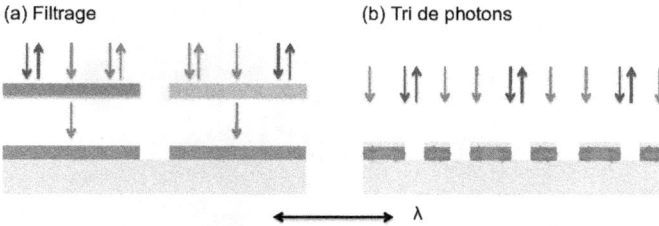

(a) Filtrage   (b) Tri de photons

λ

FIGURE 10.15 – Principe du tri de photons à l'échelle sub-longueur d'onde où aucun photon utile n'est perdu (b) contrairement au filtrage (a).

---

[17]Tant que $\lambda > d(1 + sin(\theta))$, il n'y a que l'ordre 0 qui est réfléchit et on peut donc estimer l'absorption par la mesure de la réflexion spéculaire

[18]BOUCHON et al., « Wideband omnidirectional infrared absorber with a patchwork of plasmonic nanoantennas ».

[19]JIANG et al., « Conformal Dual Band Near-Perfectly Absorbing Mid-Infrared Metamaterial Coating ».

[20]IKEDA et al., « Controlled thermal emission of polarized infrared waves from arrayed plasmon nanocavities ».

J'ai également montré qu'à chacune des longueurs d'onde de résonance, les photons sont collectés uniquement dans un seul des résonateurs, ce qui signifie la présence d'un mécanisme de tri des photons. Cette propriété est très intéressante car elle ouvre la voie à une densification et une miniaturisation de certains systèmes. Par exemple, on peut envisager des détecteurs biochimiques permettant dans le même espace sub-longueur d'onde d'adresser 4 espèces différentes[21]. Mais l'application qui nous intéresse le plus dans le consortium ONERA-LPN est la détection hyperspectrale : on peut ainsi imaginer un détecteur par exemple quadri-chromique basé sur le tri de photons plutôt que sur le filtrage, ce qui permet de ne perdre aucun photon utile (Cf. figure 10.15 pour la représentation du tri bi-chromique). La réalisation de cette fonction dans des détecteurs quantiques passe par le remplacement de l'isolant par un semi-conducteur absorbant[22],[23]. Notons cependant que l'implémentation d'une telle fonction, que ce soit dans des détecteurs quantiques ou bolométriques, passe par une forte réduction du pas pixel. De tels détecteurs hyperspectraux à hautes performances sont particulièrement intéressants pour diverses applications militaires (identification de leurres, reconnaissance de cibles) et duales (détection de gaz). En effet, en plus d'une information sur la quantité de flux émise par l'objet imagé, on obtient une information sur son spectre, donc non seulement sur sa température mais également sur sa nature.

[21]CATTONI et al., « $\lambda^3/1000$ plasmonic nanocavities for biosensing fabricated by Soft UV Nanoimprint Lithography ».
[22]LE PERCHEC et al., « Plasmon-based photosensors comprising a very thin semiconducting region ».
[23]LE PERCHEC et al., « Subwavelength optical absorber with an integrated photon sorter ».

11 Antennes MIM et bolomètes

Sommaire

J e vais présenter dans ce chapitre comment les structures MIM peuvent être utilisées pour signer spectralement la réponse de pixels bolométriques. Je verrai également comment les adapter pour obtenir l'absorption dans un volume isolé. Enfin je montrerai que ces structures permettent d'améliorer la réponse du pixel en réduisant sa masse. Ces concepts ont fait l'objet d'un dépôt de brevet[1].

11.1 Structure MIM et bolomètres

11.1.1 Absorption dans les bolomètres

L'absorption du rayonnement infrarouge incident dans les bolomètres est réalisée grâce à une structure appelée "Salisbury screen" du nom de son inventeur[2] qui l'avait développée et brevetée pour les ondes radars juste après la guerre. Il s'agit d'une couche dont l'impédance est égale à celle du vide soit $\sqrt{\mu_0/\epsilon_0} = 377\ \Omega$, qui est placée à une distance $\lambda/4$ d'un réflecteur, et qui absorbe[3] totalement la lumière à λ (ce qui par ailleurs avait été compris avant le dépôt de brevet de Salisbury[4]). Ainsi une fine couche conductrice (par exemple du

---

[1] KOECHLIN et al., « Detecteur bolometrique a performances ameliorees ».
[2] SALISBURY, « Absorbent body for electromagnetic wave ».
[3] FANTE et al., « Reflection properties of the Salisbury screen ».
[4] HADLEY et al., « Reflection and transmission interference filters ».

TiN) insérée dans la membrane du bolomètre, elle même suspendue à une distance d'environ
2,5 μm d'un réflecteur déposé sur le substrat (par exemple de l'aluminium), permet une
absorption relativement large, couvrant toute la bande 3, comme on peut le voir sur la
figure 11.1 (extraite de Mottin et al.[5]).

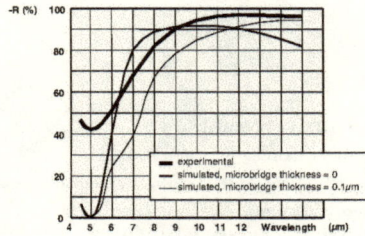

FIGURE 11.1 – Spectre d'absorption d'un plan focal bolométrique du CEA-LETI extrait
de Mottin et al.

11.1.2   Bolomètres signés spectralement à absorbants plasmoniques

La mise au point d'absorbants signés spectralement et compatibles avec les technologies de
fabrication des bolomètres permettrait de réaliser des imageurs hyperspectraux non refroidis
pour répondre à des besoins industriels.

Dans cette optique, Ogawa et al.[6] ont proposé très récemment d'utiliser comme absorbant
une feuille d'or percée d'un réseau de puits (Cf. Fig. 11.2). L'excitation de plasmons de
surface à une longueur d'onde égale à la période, leur a permis de signer la réponse de leurs
pixels avec des facteurs de qualité de l'ordre de 10. Si leur structure permet effectivement

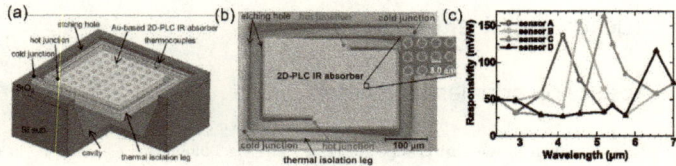

FIGURE 11.2 – Schéma (a), image MEB (b) et réponse spectrale (c) du bolomètre
plasmonique proposé par Ogawa et al.

de signer individuellement chacun des pixels, la position et le niveau du pic d'absorption
dépendent fortement de l'angle d'incidence, ce qui limite son intérêt pratique.

---

[5]MOTTIN et al., « Uncooled amorphous silicon technology enhancement for 25-μm pixel pitch achievement ».
[6]OGAWA et al., « Wavelength selective uncooled infrared sensor by plasmonics ».

Une autre solution a également été proposée par Maier et al.[7],[8]. Elle consiste à déposer des réseaux de structures MIM sur la membrane du bolomètre et permet donc également de signer individuellement chacun des pixels. Dans ce cas l'absorption est quasi-indépendante de l'angle pour les ouvertures habituelles des caméras IR (±30°). Ce concept a fait l'objet d'une demande de brevet de leur part[9].

FIGURE 11.3 – Schéma (a), image MEB (b) et réponse spectrale (c) du bolomètre plasmonique proposé par Maier et al.

On a vu que des structures plasmoniques, notamment les MIM pouvaient permettre de signer spectralement la réponse d'un pixel. Un autre avantage de cette solution provient du fait que le pas p de la prochaine génération de bolomètre (aujourd'hui de 17μm) sera de 12μm, et donc proche de la longueur d'onde de la lumière que l'on cherche à absorber, c'est à dire 8-12 μm. En effet dans ces conditions les absorbants de type "Salisbury screen" sont de moins en moins efficaces, et des structures sub-longueur d'onde comme les MIM présentent une alternative intéressante. Voyons maintenant comment cette signature spectrale, et l'introduction de ces structures se traduisent en terme de performances.

Comme détaillé au chapitre 2, l'absorption dans les bolomètres est traduite efficacement en échauffement de la membrane contenant le thermistor, grâce à l'isolation de cette dernière par des bras d'isolation de résistance thermique R_{th}. La réponse thermique $\Re_{th}^{[8,12]}$ définie comme l'échauffement de la membrane pour un flux incident donné sur la bande spectrale 8-12 μm s'écrit donc :

$$\Re_{th}^{[8,12]} = \eta_{[8,12]} \ A \ R_{th} \qquad [K/(W/m^2)] \qquad (11.1)$$

où $\eta_{[8,12]}$ est le coefficient d'absorption sur la bande spectrale 8-12 μm, et A est l'aire du pixel. Puisqu'on réduit la bande d'absorption du pixel en signant sa réponse, on diminue nécessairement la puissance optique qu'il absorbe via $\eta_{[8,12]}$. La signature spectrale d'un détecteur infrarouge engendre nécessairement une baisse de ses performances en terme de réponse thermique.

D'autre part, les deux concepts de détecteurs bolométriques signés spectralement présentés ci-dessus utilisent des absorbants relativement massifs comparés à une couche métallique de résistance de couche 377 Ω/sq. Cela engendrera nécessairement une augmentation importante de la capacité thermique C_{th} et donc du temps de réponse τ. En effet, ce dernier

[7]MAIER et al., « Wavelength-tunable microbolometers with metamaterial absorbers ».
[8]MAIER et al., « Multispectral microbolometers for the midinfrared ».
[9]BRUCKL et al., « Resonator element and resonator pixel for microbolometer sensor ».

dominé par la thermique, s'écrit :

$$\tau = R_{th}\, C_{th} \qquad [s] \tag{11.2}$$

En conclusion, si les bolomètres présentés ci-dessus ont en effet le mérite d'être signés spectralement, cela est nécessairement au détriment du temps de réponse et/ou de la sensibilité.

11.1.3 Surface d'absorption

Je souhaite maintenant montrer comment ces problèmes peuvent être contournés grâce à une des propriétés des résonateurs MIM jusqu'ici non exploitée : leur capacité à absorber dans de très petits volumes.

On a mis en évidence au chapitre 2 que dans les bolomètres classiques le choix du pas du pixel p fixe la capacité thermique de la membrane qui est proportionnelle au carré du pas : $C_{th} \propto p^2$ (les épaisseurs de membrane sont de l'ordre de 100 nm et ne peuvent être guère réduites pour des raisons mécaniques). En effet, la membrane doit occuper classiquement le maximum de la surface allouée au pixel pour que son absorbant capte le maximum du flux incident. Une fois la capacité thermique C_{th} ainsi fixée, la nécessité d'avoir un temps de réponse $\tau = R_{th}\, C_{th}$ compatible avec une fréquence TV, impose la valeur maximale de R_{th} et donc également celle de la réponse thermique $\Re_{th}^{[8,12]}$.

L'utilisation d'antennes capables d'absorber la lumière incidente sur une aire plus grande que leur surface géométrique permettrait d'introduire une rupture conceptuelle. En effet la surface de la membrane pourrait être réduite sans perdre de photons. Cela induirait donc une baisse de sa capacité thermique C_{th}, et permettrait d'augmenter l'isolation thermique R_{th} et la réponse thermique $\Re_{th}^{[8,12]}$ tout en maintenant le temps de réponse constant. Je vais à présent présenter une structure possédant ces propriétés.

11.2 Structure MIM sur cavité demi onde

11.2.1 Propriétés

Nous avons vu au chapitre 9 que l'absorption dans les structures MIM (Cf. Fig. 11.4.a) se faisait dans le métal à son interface avec le diélectrique. La structure agit donc comme une antenne qui focalise la lumière incidente sur la période d vers un ruban de largeur $w < d$. Néanmoins la structure, dans sa globalité ne répond pas au besoin que j'ai exprimé ci-dessus : la lumière incidente sur la période d est absorbée au sein d'un bloc dont la dimension typique est d et non w, la couche de métal inférieure étant continue. Si on cherche à "ouvrir" cette dernière pour former ce qu'on appellera un "MIM ouvert" représenté sur la figure 11.4.b, la structure obtenue n'a pas les mêmes propriétés qu'un MIM classique. A titre d'exemple

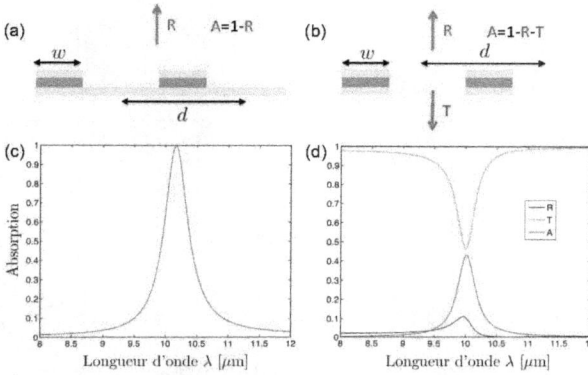

FIGURE 11.4 – (a) Schéma d'une structure MIM. (b) Schéma d'une structure MIM 'ouvert'. (c) Spectre d'absorption d'une structure MIM typique prise comme exemple. Ses paramètres sont les suivants $d = 8\ \mu$m, $n_I = 4$, $h_I = 320$ nm, $w = 1,125\ \mu$m. (c) Spectres de réflexion, de transmission et d'absorption d'une structure 'MIM ouvert' avec les mêmes paramètres.

les figures 11.4.c-d représentent les spectres d'une structure MIM et d'une structure MIM ouvert avec les paramètres suivants : $d = 8\ \mu$m, $n_I = 4$, $h_I = 320$ nm, $w = 1,125\ \mu$m

Dans un MIM classique la transmission est bloquée par la couche continue d'or qui agit comme un miroir. L'absorption totale peut ainsi être obtenue en optimisant l'impédance de la structure MIM pour annuler la réflexion (Cf. § 9.3). Dans le cas du MIM ouvert, nous n'avons pas réussi à obtenir une absorption totale, en effet, il faudrait pour ce faire être capable d'adapter l'impédance de la couche pour avoir ni réflexion, ni transmission.

J'ai donc proposé une structure alternative représentée figure 11.5.b que l'on nommera MIM HWC. Elle est composée de la structure MIM ouvert, positionnée à une distance $g \simeq \lambda_r/2$ d'un miroir en or. Ce dernier permet donc de bloquer la transmission. Le calcul numérique montre, toutes choses étant égales par ailleurs (i.e. n_I, h_I, w et d), que le spectre de la structure MIM HWC est similaire à celui d'une structure MIM équivalente, comme on peut le voir sur les spectres des figures 11.5.c-d où $g = 5,1\ \mu$m.

Dans une structure MIM, le plan métallique continu impose un champ électrique tangentiel nul à son voisinage. On peut le voir pour notre exemple sur la figure 11.6.a. qui représente la cartographie de E_x à la résonance. La cavité demi-onde de la structure MIM HWC joue en fait un rôle similaire, car elle impose un minimum de champ à une distance $\lambda/2$. Ce dernier est clairement visible sur la figure 11.6.b. qui représente également la cartographie de E_x à la résonance et l'emplacement par une ligne en pointillés qu'aurait le miroir dans une structure MIM simple. En conséquence, les champs électrique et magnétique (Cf. Fig. 11.6.c-d pour H_y) sont très similaires dans les deux structures qui ont donc des comportements très

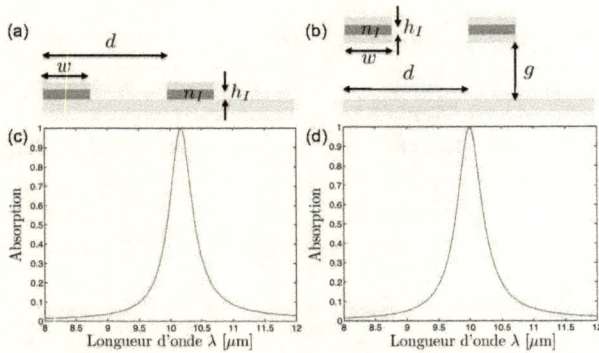

FIGURE 11.5 – (a) Schéma d'une structure MIM. (b) Schéma d'une structure MIM
HWC. (c) Spectre d'absorption d'une structure MIM prise comme exemple. Ses
paramètres sont les suivants $d = 8$ μm, $n_I = 4$, $h_I = 320$ nm, $w = 1,125$ μm.
(c) Spectres d'absorption d'une structure MIM HWC avec les mêmes paramètres et
$g = 5,1$ μm.

proches.

La structure MIM HWC correspond donc bien au besoin que j'ai exprimé : l'absorption
du rayonnement incident sur la période d a lieu dans une structure (le ruban MIM) dont la
dimension est effectivement w, et non plus d.

11.2.2   Rôle de la cavité demi onde

Afin de mieux comprendre le comportement de cette structure et notamment le rôle de la
cavité, j'ai choisi d'étudier l'influence de sa hauteur g. Nous cherchons notamment à savoir
s'il y a un couplage entre la cavité et la résonance localisée du MIM.

Je suis donc reparti de la structure MIM ouvert (Cf. Fig 11.7.a) dont les spectres de
transmission et de réflexions sont rappelés sur la figure 11.7.b par des cercles, pour voir
comment celle-ci interagissait avec la cavité. Pour ce faire je vais chercher à la décrire comme
un matériau équivalent de même épaisseur : $h_{tot} = h_I + 2h_{Au}$, (soit $h_{tot} = 420$ nm pour
notre exemple) et présentant un indice n_e et une impédance z_e. (Sa permittivité est donc
$\epsilon_e = n_e/z_e$ et sa susceptibilité $\mu_e = n_e \times z_e$).

Smith et al.[10] ont établi que l'on peut déterminer un couple unique de valeurs de n_e et z_e
pour décrire un métamatériau comme notre structure MIM ouvert à partir des amplitudes
complexes de sa transmission t et de sa réflexion en amplitude r quand la longueur d'onde
est supérieure à la période. En effet pour une onde plane en incidence normale, on peut

---

[10]SMITH et al., « Determination of effective permittivity and permeability of metamaterials from reflection
and transmission coefficients ».

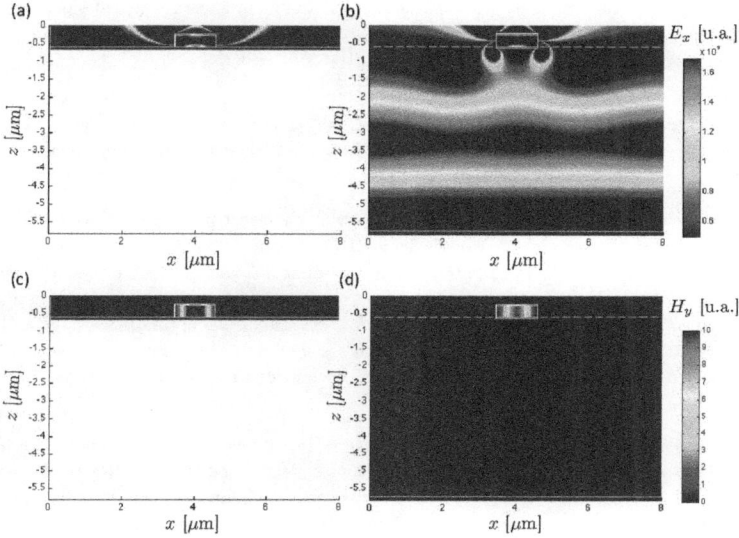

FIGURE 11.6 – Cartographie du champ électrique selon x à la résonance de la structure MIM exemple (a) et de la structure MIM HWC correspondante (b). Cartographie du champ magnétique selon h des mêmes structures à la résonance (c) et (d).

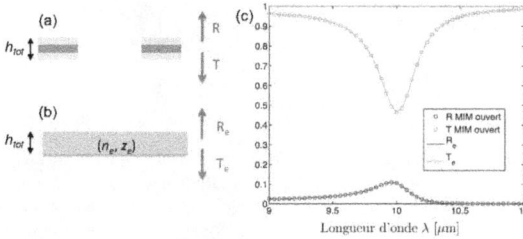

FIGURE 11.7 – (a) Schéma d'une structure MIM ouvert dont l'épaisseur totale est $h_{tot} = h_I + 2h_{Au}$. (b) Représentation du matériau équivalent de même épaisseur d'indice n_e et d'impédance z_e. (c) Spectres de réflexion et de transmission de la structure MIM ouvert exemple calculés numériquement pour la structure complète (en cercles) et en utilisant le matériau équivalent (lignes).

écrire :

$$t^{-1} = \left[\cos(nkh_{tot}) - \frac{i}{2}(z + \frac{1}{z})\sin(nkh_{tot})\right] e^{ikh_{tot}}$$
$$\frac{r}{t} = -\frac{1}{2}i\left(\frac{1}{z} - z\right)\sin(nkh_{tot}) \tag{11.3}$$

où k est le vecteur d'onde dans le vide. Smith et al. ont montré que ces formules pouvaient être inversées :

$$\cos(n_e k h_{tot}) = \frac{1}{2t}[1 - (r^2 - t^2)]$$
$$z_e = \pm\sqrt{\frac{(1+r)^2 - t^2}{(1+r)^2 - t^2}} \tag{11.4}$$

Afin de déterminer le couple de façon unique, il faut choisir les branches des équations qui ont un sens physique. Ainsi un matériau passif comme le nôtre doit avoir une partie réelle de z_e et une partie imaginaire de n_e positives.

Les coefficients r et t ont donc été calculés numériquement pour la structure MIM ouvert dont les spectres sont représentés figure 11.7. A partir de ces derniers en utilisant les équations 11.4, le couple (n_e, z_e) du matériau équivalent a été obtenu. Afin de vérifier qu'ils permettent effectivement de décrire notre métamatériau "MIM ouvert" les spectres du matériau équivalent (Cf. Fig. 11.7.b) d'épaisseur h_{tot} ont été calculés et sont représentés sur la figure 11.7.c en lignes continues. L'accord entre les spectres de la structure calculés numériquement, et ceux du matériau équivalent montre que le formalisme développé par Smith fonctionne dans notre cas.

Maintenant que nous avons vérifié que le couple (n_e, z_e) extrait était capable de décrire la structure MIM ouvert, nous allons l'utiliser pour décrire la structure MIM HWC dont la structure et le spectre sont rappelés respectivement en figure 11.8.a et en cercles sur la figure 11.8.c.

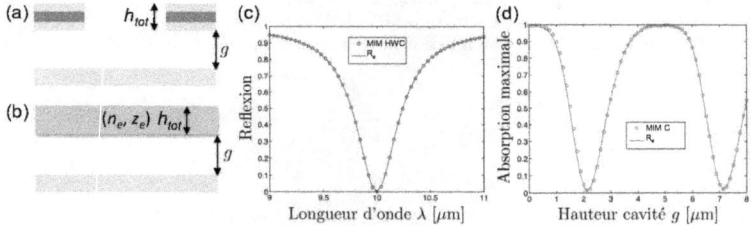

FIGURE 11.8 – (a) Schéma d'une structure MIM HWC dont l'épaisseur totale est $h_{tot} = h_I + 2h_{Au}$. (b) Représentation de la structure équivalente utilisant le matériau équivalent de même épaisseur d'indice n_e et d'impédance z_e. (c) Spectres de réflexion de la structure MIM HWC exemple calculés numériquement pour la structure complète (en cercles) et en utilisant le matériau équivalent (en ligne). (d) Absorption à la résonance en fonction de g obtenue par le calcul numérique de la structure complète (en cercle) et en utilisant le matériau équivalent (en ligne continue).

La structure MIM HWC étant la combinaison de la structure MIM ouvert et de la cavité, il est intéressant de voir si elle peut être décrite comme la combinaison du matériau équivalent et de la cavité, comme représenté sur la figure 11.8.b. Afin de répondre à cette question, le spectre d'un telle structure a été calculé dans le cas de notre exemple et représenté figure 11.8.c par la ligne continue. Le parfait accord entre le calcul numérique direct et celui obtenu via le matériau équivalent à la couche de MIM ouvert montre qu'il n'y a pas de couplage particulier entre la résonance au sein des rubans et la cavité dans cet exemple. En effet s'il existait, il n'aurait été pris en compte dans notre calcul des n_e et z_e.

Afin de voir si la cavité joue un rôle particulier en dehors de sa position à $\lambda_r/2$, j'ai cherché à faire varier g en gardant les autres paramètres constants. Notons que pour $g = 0$, on se trouvera dans le cas d'une structure MIM classique. Premièrement, il apparaît numériquement que la longueur d'onde du pic de résonance est quasi constante à 1% près, pour g variant de 0 à 8 μm (soit $g = \frac{4}{5}\lambda_r$). Deuxièmement le niveau d'absorption à la résonance (obtenu par le calcul numérique complet, en cercles) lorsqu'on fait varier g est le même que celui obtenu en utilisant le matériau équivalent (en ligne continue) comme représenté sur la figure 11.8.d. Cela montre qu'il n'y a aucun couplage particulier entre la cavité MIM de dimension w et la cavité de hauteur g. La présence d'un plan de métal continu dans la structure, que ce soit en $g = 0$ dans le cas des structures MIM classique, ou pour tous les multiples de $\lambda_r/2$ permet donc une absorption totale, en imposant un champ E_x nul en dessous de la structure MIM et d'obtenir la focalisation de l'énergie dans celle-ci.

11.3   Bolomètres hyperspectraux à hautes performances

Je propose dans ce dernier paragraphe des concepts de bolomètres exploitant les propriétés de la structure MIM HWC pour réaliser des plans focaux infrarouge hyperspectraux à hautes performances.

11.3.1   Structure et propriété du pixel "MIMBO"

Nous avons vu que la structure MIM HWC permet d'obtenir une absorption dans un volume isolé et petit devant la période. Ces calculs ont été effectués en 1D, nous supposerons pour la suite que ces caractéristiques sont conservées en 2D.

La figure 11.9.a représente un pixel bolométrique classique. Dans ce cas la membrane couvre la majeure partie du pixel pour que l'absorbant absorbe le maximum de flux incident. De même, dans les travaux de Maier[11] (Cf. § 11.1.2) la taille de la membrane est toujours proche de celle du pixel, même si l'absorption a lieu dans de très petits volumes.

La structure que j'ai brevetée[12] est présentée figure 11.9.b. Dans sa version élémentaire, elle est constituée d'une structure MIM unique accordée àλ_r déposée sur une membrane de même taille (contenant le thermistor), elle-même suspendue par des bras d'isolation, et placée à $\lambda_r/2$ de son substrat qui est recouvert d'un miroir. La membrane est donc de la même taille que l'absorbant et beaucoup plus petite que le pixel.

---

[11]MAIER et al., « Multispectral microbolometers for the midinfrared ».
[12]KOECHLIN et al., « Detecteur bolometrique a performances ameliorees ».

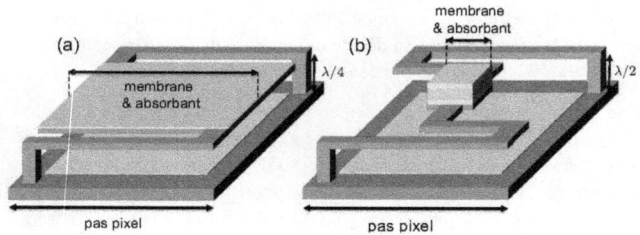

FIGURE 11.9 – (a) Schéma d'un pixel bolométrique classique : La membrane et son absorbant couvrent presque toute la surface du pixel (b) Schéma d'un pixel MIMBO : La membrane et son absorbant couvrent seulement une faible portion de la surface du pixel.

Pixel classique :	Pixel	$\simeq$	Membrane	$\simeq$	Absorbant
Maier et al. :	Pixel	$\simeq$	Membrane	$\gg$	Absorbant
MIMBO :	Pixel	$\gg$	Membrane	$\simeq$	Absorbant

En effet, la dimension typique du MIM est typiquement $w = \lambda_r/2n_I$. Le pas pixel p est lui légèrement inférieur à λ_r. En conséquence en utilisant un matériau de fort indice, comme du germanium amorphe ou du silicium amorphe ($n_I \simeq 4$), il est possible d'avoir une membrane dont la surface $w^2 = (\lambda_r/2n_I)^2$ ne couvre qu'une faible partie du pixel de surface $p^2 \lesssim \lambda_r^2$. Le ratio des surfaces est donc typiquement $(2n_I)^2$, soit supérieur à 50 pour $n_I = 4$. Si on prend en compte que l'épaisseur de notre MIM (typiquement 500 nm) est plus grande que celle de la membrane d'un bolomètre classique (typiquement 100 nm), cela veut dire que l'on a été capable de diminuer le volume de la membrane d'un ordre de grandeur.

Cette diminution d'un ordre de grandeur du volume de la membrane engendre donc la même diminution de sa capacité thermique C_{th}. En conservant un temps de réponse compatible TV, on peut donc augmenter la résistance thermique des bras R_{th} également d'un ordre de grandeur en les allongeant. Le bolomètre MIMBO aura donc une réponse thermique 10 fois meilleure qu'un pixel classique qui aurait le même pas et la même signature spectrale.

Cette augmentation de la réponse permise par la baisse de la capacité thermique permet donc de compenser les photons perdus par la signature spectrale. Le concept MIMBO permet donc d'ajouter la fonctionnalité spectrale tout en restant (au moins) à isoperformance.

11.3.2 Matrice bolométrique hyperspectrale à hautes performances

La propriété précédente peut être mise à profit pour réaliser par exemple une matrice quadri-chromique de pixels MIMBO comme schématisée sur la figure 11.10.a. Les pixels, bien que signés spectralement (par exemple comme sur la figure 11.10.b), pourront ainsi avoir une réponse thermique comparable à celle d'un détecteur large bande. Néanmoins dans ce plan

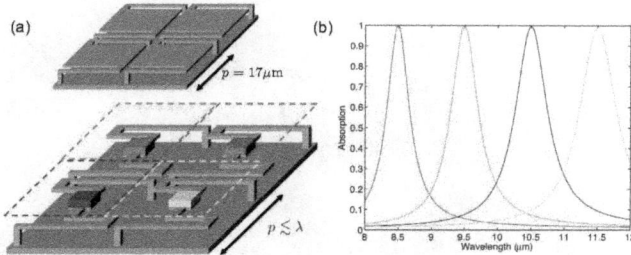

FIGURE 11.10 – (a) Schéma d'un plan focal bolométrique classique et d'un plan focal bolométrique utilisant quatre structures MIMBO signées spectralement. Ce dernier est donc un imageur quadrichromique. Les pixels de chaque couleur dont le pas est légèrement sub-longueur d'onde sont juxtaposés. (b) Exemples de spectres d'absorption de quatre structures MIM HWC.

focal, chacune des images pour une couleur donnée contient quatre fois moins de pixels que si les dispositifs avaient tous la même réponse. En effet, plus des trois quarts des photons incidents sur la matrice potentiellement utiles, sont réfléchis et donc perdus. Nous traitons ce problème dans la section suivante.

11.3.3 Matrice bolométrique hyperspectrale dense à hautes performances

Afin de réaliser une matrice sans perte de résolution due à la colorisation, l'effet de tri de photons que j'ai mis en évidence (Cf. § 10.2) peut-être mis à profit. Ainsi les quatre absorbants MIM, au lieu d'être insérés dans des espaces sub-longueur d'onde eux-mêmes juxtaposés comme dans la figure 11.10.a ; peuvent être insérés au sein du même espace sub-longueur d'onde comme schématisé dans la figure 11.11. Les sections d'absorption des quatre pixels de couleurs différentes se recouvrent (Cf. Fig. 11.11.a) et celles de ceux de même couleur se juxtaposent parfaitement (Cf. Fig. 11.11.b). Ce concept de plan focal présente donc le même nombre de pixels pour chaque image colorisée qu'un concept classique, tout en ayant des pixels de même réponse thermique. Aucun des photons incidents utiles n'est ainsi perdu puisque dans chaque espace sub-longueur d'onde, ils sont canalisés vers l'un des quatre pixels.

11.4 Conclusion

J'ai donc présenté dans ce chapitre une structure permettant d'obtenir une absorption dans un volume isolé, et petit devant sa période. Un concept de bolomètre utilisant cette structure a ensuite été proposé. L'introduction de l'antenne MIM dans les bolomètres engendre une

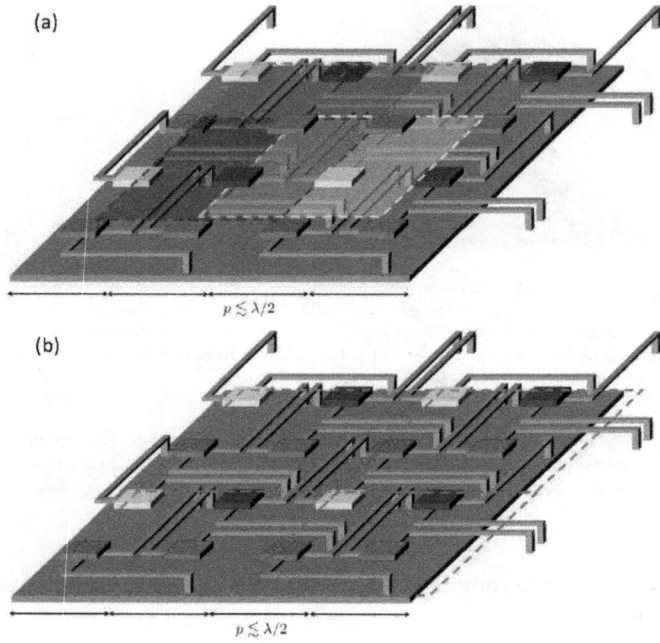

FIGURE 11.11 – Schéma d'un plan focal bolométrique utilisant la structure HWC et le tri de photon. Les pixels de chaque couleur dont le pas p est légèrement sub-longueurs d'ondes sont insérés dans un même espace de pas p. Les sections d'absorptions des quatre pixels de couleurs différentes se recouvrent et celles de ceux de même couleurs se juxtaposent parfaitement. Aucun photon utile n'est perdu.

rupture conceptuelle puisqu'elle permet une réduction de la taille de la membrane et donc de sa masse sans perte de photons. Il est ainsi possible d'obtenir une signature spectrale tout en conservant une réponse thermique sur la bande 8-12 μm élevée. Ces structures ouvrent la voie à la conception de plans focaux non refroidis hyper-spectraux pouvant éventuellement exploiter l'effet de tri de photons mis en évidence au chapitre précédent.

Conclusions et Perspectives

Nous avons commencé ce manuscrit en présentant le domaine de la détection infrarouge (Chapitre 1). J'ai montré à travers divers exemples que les nanotechnologies, en sculptant la matière à une petite échelle, permettent d'obtenir des matériaux artificiels aux propriétés uniques qui peuvent être exploités pour détecter des photons de petites énergies et donc de grandes longueurs d'onde.

Nous nous sommes ensuite (Chapitre 2) focalisés sur la description du type de détecteur qui constitue le fil d'Ariane de ma thèse : les bolomètres. Après avoir décrit en détail leur physique, leurs performances et leur évolution, j'ai mis en évidence trois pistes d'amélioration :
- Premièrement, proposer un nouveau matériau comme thermistor qui aurait une TCR plus élevée et/ou présentant moins de bruit 1/f.
- Deuxièmement, proposer de nouvelles architectures de pixels permettant une absorption élevée en bande 3, compatibles avec de petits pas pixels (i.e. de l'ordre de la longueur d'onde à détecter) et menant à un échauffement plus élevé et/ou plus rapide de la membrane.
- Troisièmement, ajouter une nouvelle fonctionnalité aux plans focaux non-refroidis si possible à iso-performance : la possibilité de faire de l'imagerie hyperspectrale.

J'ai traité ces pistes d'amélioration via les nanotechnologies selon deux voies décrites en partie II (l'utilisation de films de nanotubes comme thermistor) et en partie III (l'utilisation d'absorbants à base de cavité MIM permettant une signature spectrale et une absorption dans des volumes très sub-longueurs d'onde).

Afin de savoir si les films de nanotubes de carbone constituent un matériau intéressant pour servir de thermistor dans un bolomètre il faut disposer des valeurs (Cf. Chapitre 3) d'un certain nombre de ses caractéristiques comme sa TCR et son niveau de bruit 1/f. De plus, d'autres caractéristiques comme ses propriétés optiques ou sa conductivité thermique

163

peuvent être intéressantes dans la conception d'un bolomètre. Les films de nanotubes de carbone étant un matériau émergent, ces grandeurs ne sont évidemment pas tabulées dans la littérature. J'ai donc présenté des caractérisations de la transmission et de la réflexion dans l'infrarouge et le térahertz de films de CNT (Chapitre 4). Ces dernières ont permis l'extraction de l'indice optique complexe des films de CNT, qui ouvre la voie à la conception et à l'optimisation de dispositifs optiques à base de film de CNT[13] (e.g. cellules solaire, surface anti-reflet, etc..). J'ai également fourni un effort important (Chapitre 5) pour développer des briques technologiques permettant la réalisation de matrices très uniformes de dispositifs à base de film de CNT. Une attention particulière a été portée à la minimisation de la résistance de contact qui a ainsi été réduite de près de quatre ordres de grandeur[14]. Afin de comprendre ce qui détermine la résistivité et la TCR des films de CNT, la caractérisation d'un panel de films présentant diverses caractéristiques (origines, chiralité, longueurs des tubes ou épaisseurs et méthode de dépôts des films) a été effectuée[15] (Chapitre 6). En effet le terme "film de nanotubes de carbone" est un terme générique qui représente des matériaux pouvant présenter des caractéristiques très variées notamment en fonction du dopage. Mes résultats ont mis en évidence qu'un modèle de transport par effet tunnel assisté par les fluctuations thermiques aux barrières entre tubes permet de décrire quantitativement le transport avec des paramètres d'entrée cohérents. Ces résultats peuvent être très utiles pour d'autres domaines d'applications des tubes comme les détecteurs de gaz, ou les électrodes transparentes. La TCR des films de nanotubes que j'ai caractérisés, celles préalablement publiées ou celles attendues via mon modèle ne dépassent pas quelques pour mille par Kelvin. A titre de comparaison celles des matériaux utilisés actuellement dans les bolomètres comme thermistor présentent des TCR de l'ordre de quelque pour cent par Kelvin. J'ai également caractérisé le bruit 1/f présent dans les films de nanotubes qui s'avère relativement élevé et ai vérifié qu'il suit la loi de Hooge tant que les dimensions sont éloignées des seuils de percolation (Chapitre 7). L'ensemble de ces résultats nous a donc permis de conclure (Chapitre 8) qu'en l'état actuel des connaissances sur les films de CNT, ceux-ci ne constituent pas un matériau intéressant pour servir de thermistor ou d'absorbant dans des bolomètres[16].

Dans la troisième partie de ce manuscrit nous nous sommes concentrés sur l'étude d'absorbant sub-longueur d'onde à base de cavité MIM. Ces derniers ont le mérite d'être facilement accordables, et de présenter des absorptions omnidirectionnelles dans de faibles volumes. J'ai montré (Chapitre 9) que la même résonance Fabry-Pérot à la base de l'absorption peut être obtenue à partir de structures a priori radicalement différentes si les conditions aux limites vues par la cavité MIM restent les mêmes. La réponse optique de ces structures peut en fait être décrite en assimilant la cavité MIM à un matériau équivalent d'épaisseur et d'indice donnés. Ceci a permis le développement d'un modèle analytique de la réponse de ces structures qui permet d'établir les conditions d'obtention d'une absorption quasi-totale et d'ajuster le facteur de qualité via les paramètres géométriques[17]. Cet

---

[13]MAINE et al., « Complex optical index of single wall carbon nanotube films from the near-IR to THz spectral range ».

[14]KOECHLIN et al., « Electrical characterization of devices based on carbon nanotube films ».

[15]KOECHLIN et al., « Electronic transport and noise study of a wide panel of carbon nanotube films ».

[16]KOECHLIN et al., « Potential of carbon nanotubes films for infrared bolometers ».

[17]KOECHLIN et al., « Analytical description of subwavelength plasmonic MIM resonators and of their combination. »

outil est donc beaucoup plus rapide qu'un code numérique et permet une conception directe d'absorbants quasi-totaux qui peuvent être utilisés à la fois pour des couches antireflets, des cellules solaires ultra-fines, des bio-capteurs ou des sources thermiques sur lesquelles nous sommes en train de déposer un brevet sur une idée inspirée par mes travaux. Mon modèle analytique m'a permis également de montrer que la dimension latérale de ces résonateurs peut être petite devant leur période, ce qui permet de les combiner dans la même période sub-longueur d'onde. J'ai prouvé (Chapitre 10) théoriquement et expérimentalement que ces résonateurs peuvent rester indépendants et présenter chacun à sa propre longueur d'onde de résonance une absorption quasi-totale[18][19]. Ceci est permis grâce à un mécanisme de tri de photons à l'échelle sub-longueur d'onde et à la localisation des résonances dans chacune des cavités MIM. Enfin j'ai présenté des concepts de bolomètres exploitant les propriétés des structures MIM (Chapitre 11). Premièrement elles permettent de coloriser individuellement chacun des pixels et ouvrent donc la voie à des plans focaux non refroidis hyper-spectraux. Deuxièmement leur capacité à récolter le flux d'énergie incident sur des surfaces bien plus grandes que leur section géométrique, permet d'envisager une réduction du volume de la membrane. Cette dernière présente donc une capacité thermique plus faible, ce qui peut être exploité soit pour réduire le temps de réponse, soit pour améliorer la réponse thermique du pixel. Cette idée a fait l'objet d'un dépôt de brevet[20], et nous travaillons pour la valoriser en collaboration avec le CEA-LETI et la société ULIS via un premier démonstrateur financé par un projet conjoint de type CARNOT.

---

[18]KOECHLIN et al., « Total routing and absorption of photons in dual color plasmonic antennas ».
[19]BOUCHON et al., « Wideband omnidirectional infrared absorber with a patchwork of plasmonic nanoantennas ».
[20]KOECHLIN et al., « Detecteur bolometrique a performances ameliorees ».

Bibliographie

AOUANI, H., O. MAHBOUB, E. DEVAUX, H. RIGNEAULT, T.W. EBBESEN et J. WENGER. « Plasmonic antennas for directional sorting of fluorescence emission ». Dans : *Nano letters* (2011). (Cf. p. 141).

ATWATER, H.A. et A. POLMAN. « Plasmonics for improved photovoltaic devices ». Dans : *Nature materials* 9.3 (2010), p. 205–213. (Cf. p. 124).

AVOURIS, P., Z. CHEN et V. PEREBEINOS. « Carbon-based electronics ». Dans : *Nature Nanotechnology* 2.10 (2007), p. 605–615. (Cf. p. 42).

BARNARD, E.S., J.S. WHITE, A. CHANDRAN et M.L. BRONGERSMA. « Spectral properties of plasmonic resonator antennas ». Dans : *Opt. Express* 16.21 (2008), p. 16529–16537. (Cf. p. 125).

BARNES, Teresa M., Jeffrey L. BLACKBURN, Jao van de LAGEMAAT, Timothy J. COUTTS et Michael J. HEBEN. « Reversibility, Dopant Desorption, and Tunneling in the Temperature-Dependent Conductivity of Type-Separated, Conductive Carbon Nanotube Networks ». Dans : *ACS Nano* 2.9 (2008), p. 1968–1976. eprint : http://pubs.acs.org/doi/pdf/10.1021/nn800194u. (Cf. p. 78, 88, 90, 91).

BEHNAM, Ashkan, Gijs BOSMAN et Ant URAL. « Percolation scaling of $1/f$ noise in single-walled carbon nanotube films ». Dans : *Phys. Rev. B* 78 (8 2008), p. 085431. (Cf. p. 75, 81, 95, 101, 103).

BEHNAM, Ashkan, Amlan BISWAS, Gijs BOSMAN et Ant URAL. « Temperature-dependent transport and $1/f$ noise mechanisms in single-walled carbon nanotube films ». Dans : *Phys. Rev. B* 81 (12 2010), p. 125407. (Cf. p. 95, 100, 101).

BERBER, S., Y.K. KWON et D. TOMÁNEK. « Unusually high thermal conductivity of carbon nanotubes ». Dans : *Physical Review Letters* 84.20 (2000), p. 4613–4616. (Cf. p. 42, 109).

BLACKBURN, Jeffrey L., Teresa M. BARNES, Matthew C. BEARD, Yong-Hyun KIM, Robert C. TENENT, Timothy J. MCDONALD, Bobby TO, Timothy J. COUTTS et Michael J. HEBEN. « Transparent Conductive Single-Walled Carbon Nanotube Networks with Precisely Tunable Ratios of Semiconducting and Metallic Nanotubes ». Dans : *ACS Nano* 2 (2008), p. 1266–1274. eprint : http://pubs.acs.org/doi/pdf/10.1021/nn800200d. (Cf. p. 43, 78, 88, 90).

BONDAVALLI, P., L. GORINTIN, F. LONGNOS et G. FEUGNET. « Highly selective CNTFET based sensors using metal diversification methods ». Dans : *Carbon Nanotubes, Graphene, and Associated Devices IV* 8101 (2011). Sous la dir. de Didier PRIBAT, Young-Hee LEE et Manijeh RAZEGHI, 81010A. (Cf. p. 43, 44, 73, 95).

BORONDICS, F., K. KAMARÁS, M. NIKOLOU, DB TANNER, ZH CHEN et AG RINZLER. « Charge dynamics in transparent single-walled carbon nanotube films from optical transmission measurements ». Dans : *Physical Review B* 74.4 (2006), p. 045431. (Cf. p. 50, 53, 55).

BOUCHON, Patrick, Charlie KOECHLIN, Fabrice PARDO, Riad HAÏDAR et Jean-Luc PELOUARD. « Wideband omnidirectional infrared absorber with a patchwork of plasmonic nanoantennas ». Dans : *Opt. Lett.* 37.6 (2012), p. 1038–1040. (Cf. p. 135, 149, 165).

BRUCKL, H. et T. MAIER. « Resonator element and resonator pixel for microbolometer sensor ». Brev. WO Patent WO/2010/094,051. 2010. (Cf. p. 153).

CATTONI, A., P. GHENUCHE, A.M. HAGHIRI-GOSNET, D. DECANINI, J. CHEN, J.L. PELOUARD et S. COLLIN. « $\lambda^3/1000$ plasmonic nanocavities for biosensing fabricated by Soft UV Nanoimprint Lithography ». Dans : *Nano letters* (2011). (Cf. p. 124, 146, 150).

CELASCO, M., A. MASOERO, P. MAZZETTI et A. STEPANESCU. « Electrical conduction and current noise mechanism in discontinuous metal films. I. Theoretical ». Dans : *Phys. Rev. B* 17 (6 1978), p. 2553–2563. (Cf. p. 101).

— « Electrical conduction and current noise mechanism in discontinuous metal films. II. Experimental ». Dans : *Phys. Rev. B* 17 (6 1978), p. 2564–2574. (Cf. p. 101).

CHANDRAN, A., E.S. BARNARD, J.S. WHITE et M.L. BRONGERSMA. « Metal-dielectric-metal surface plasmon-polariton resonators ». Dans : *Physical Review B* 85.8 (2012), p. 085416. (Cf. p. 125).

CHOI, T.Y., D. POULIKAKOS, J. THARIAN et U. SENNHAUSER. « Measurement of the thermal conductivity of individual carbon nanotubes by the four-point three-ω method ». Dans : *Nano letters* 6.8 (2006), p. 1589–1593. (Cf. p. 109).

COLLIN, S., F. PARDO et J.L. PELOUARD. « Waveguiding in nanoscale metallic apertures ». Dans : *Opt. Express* 15.7 (2007), p. 4310–4320. (Cf. p. 125).

COLLINS, Philip G., M. S. FUHRER et A. ZETTL. « 1/f noise in carbon nanotubes ». Dans : *Applied Physics Letters* 76.7 (2000), p. 894–896. (Cf. p. 95).

DEM'YANENKO, M.A., B.I. FOMIN, V.N. OVSYUK, I.V. MARCHISHIN, I.O. PARM, L.L. VASIL'IEVA et V.V. SHASHKIN. « Uncooled 160× 120 microbolometer IR FPA based on sol-gel VO ». Dans : *Proceedings of SPIE*. T. 5957. 2005, 59571R. (Cf. p. 111).

DUMLICH, Heiko et Stephanie REICH. « Nanotube bundles and tube-tube orientation: A van der Waals density functional study ». Dans : *Phys. Rev. B* 84 (6 2011), p. 064121. (Cf. p. 86).

DUTTA, P., P. DIMON et P. M. HORN. « Energy Scales for Noise Processes in Metals ». Dans : *Phys. Rev. Lett.* 43 (9 1979), p. 646–649. (Cf. p. 100).

ERIKSSON, P., J.Y. ANDERSSON et G. STEMME. « Thermal characterization of surface-micromachined silicon nitride membranes for thermal infrared detectors ». Dans : *Microelectromechanical Systems, Journal of* 6.1 (1997), p. 55–61. (Cf. p. 110).

FALVO, MR, GJ CLARY, RM TAYLOR II, V. CHI, FP BROOKS JR, S. WASHBURN et R. SUPERFINE. « Bending and buckling of carbon nanotubes under large strain ». Dans : *Nature* 389 (1997), p. 583. (Cf. p. 42).

FANTE, R.L. et M.T. MCCORMACK. « Reflection properties of the Salisbury screen ». Dans : *Antennas and Propagation, IEEE Transactions on* 36.10 (1988), p. 1443–1454. (Cf. p. 151).

FUJII, M., X. ZHANG, H. XIE, H. AGO, K. TAKAHASHI, T. IKUTA, H. ABE et T. SHIMIZU. « Measuring the thermal conductivity of a single carbon nanotube ». Dans : *Physical review letters* 95.6 (2005), p. 65502. (Cf. p. 109).

FUJIWARA, A., Y. MATSUOKA, H. SUEMATSU, N. OGAWA, K. MIYANO, H. KATAURA, Y. MANIWA, S. SUZUKI et Y. ACHIBA. « Photoconductivity of single-wall carbon nanotube films ». Dans : *Carbon* 42.5 (2004), p. 919–922. (Cf. p. 45).

GAUFRES, Etienne, Nicolas IZARD, Xavier Le ROUX, Delphine MARRIS-MORINI, Said KAZAOUI, Eric CASSAN et Laurent VIVIEN. « Optical gain in carbon nanotubes ». Dans : *Applied Physics Letters* 96.23, 231105 (2010), p. 231105. (Cf. p. 50).

GOHIER, A., A. DHAR, L. GORINTIN, P. BONDAVALLI, Y. BONNASSIEUX et CS COJOCARU. « All-printed infrared sensor based on multiwalled carbon nanotubes ». Dans : *Applied Physics Letters* 98 (2011), p. 063103. (Cf. p. 91).

GONNET, P., Z. LIANG, E.S. CHOI, R.S. KADAMBALA, C. ZHANG, J.S. BROOKS, B. WANG et L. KRAMER. « Thermal conductivity of magnetically aligned carbon nanotube bucky-papers and nanocomposites ». Dans : *Current Applied Physics* 6.1 (2006), p. 119–122. (Cf. p. 109).

HADLEY, L.N. et DM DENNISON. « Reflection and transmission interference filters ». Dans : *JOSA* 37.6 (1947), p. 451–453. (Cf. p. 151).

HAÏDAR, R., G. VINCENT, S. COLLIN, N. BARDOU, N. GUÉRINEAU, J. DESCHAMPS et J.L. PELOUARD. « Free-standing subwavelength metallic gratings for snapshot multispectral imaging ». Dans : *Applied Physics Letters* 96 (2010), p. 221104. (Cf. p. 16).

HAO, J., L. ZHOU et M. QIU. « Nearly total absorption of light and heat generation by plasmonic metamaterials ». Dans : *Physical Review B* 83.16 (2011), p. 165107. (Cf. p. 125, 137).

HAO, Jiaming, Jing WANG, Xianliang LIU, Willie J. PADILLA, Lei ZHOU et Min QIU. « High performance optical absorber based on a plasmonic metamaterial ». Dans : *Applied Physics Letters* 96.25, 251104 (2010), p. 251104. (Cf. p. 124, 125, 137, 146).

HAVU, P, M J HASHEMI, M KAUKONEN, E T SEPPALA et R M NIEMINEN. « Effect of gating and pressure on the electronic transport properties of crossed nanotube junctions: formation of a Schottky barrier ». Dans : *J. Phys.: Condens. Matter* 23 (2011), p. 112203. (Cf. p. 86).

HONE, J., MC LLAGUNO, NM NEMES, AT JOHNSON, JE FISCHER, DA WALTERS, MJ CASAVANT, J. SCHMIDT et RE SMALLEY. « Electrical and thermal transport properties of magnetically aligned single wall carbon nanotube films ». Dans : *Applied Physics Letters* 77 (2000), p. 666. (Cf. p. 109).

HONE, J., M. WHITNEY, C. PISKOTI et A. ZETTL. « Thermal conductivity of single-walled carbon nanotubes ». Dans : *Physical Review B* 59.4 (1999), p. 2514–2516. (Cf. p. 109).

HOOGE, F. N. « $1/f$ noise is no surface effect ». Dans : *Phys. Lett. A* A29 (1969), p. 139. (Cf. p. 28, 101).

HOOGE, FN. « 1/f noise sources ». Dans : *Electron Devices, IEEE Transactions on* 41.11 (1994), p. 1926–1935. (Cf. p. 98).

HU, L., D. S. HECHT et G. GRUNER. « Percolation in Transparent and Conducting Carbon Nanotube Networks ». Dans : *NANO LETTERS* 4 (2004), p. 2513–2517. (Cf. p. 72, 81).

HU, Liangbing, David S. HECHT et George GRUNER. « Infrared transparent carbon nanotube thin films ». Dans : *Applied Physics Letters* 94.8, 081103 (2009), p. 081103. (Cf. p. 50).

IIJIMA, S. et al. « Helical microtubules of graphitic carbon ». Dans : *nature* 354.6348 (1991), p. 56–58. (Cf. p. 39).

IKEDA, K., HT MIYAZAKI, T. KASAYA, K. YAMAMOTO, Y. INOUE, K. FUJIMURA, T. KA-NAKUGI, M. OKADA, K. HATADE et S. KITAGAWA. « Controlled thermal emission of polarized infrared waves from arrayed plasmon nanocavities ». Dans : *Applied Physics Letters* 92.2 (2008), p. 021117. (Cf. p. 124, 149).

ITKIS, ME, S. NIYOGI, ME MENG, MA HAMON, H. HU et RC HADDON. « Spectroscopic study of the Fermi level electronic structure of single-walled carbon nanotubes ». Dans : *Nano Letters* 2.2 (2002), p. 155–159. (Cf. p. 44).

ITKIS, M.E., F. BORONDICS, A. YU et R.C. HADDON. « Thermal conductivity measurements of semitransparent single-walled carbon nanotube films by a bolometric technique ». Dans : *Nano letters* 7.4 (2007), p. 900–904. (Cf. p. 110).

ITKIS, Mikhail E., Ferenc BORONDICS, Aiping YU et Robert C. HADDON. « Bolometric Infrared Photoresponse of Suspended Single-Walled Carbon Nanotube Films ». Dans : *Science* 312.5772 (2006), p. 413–416. eprint : http://www.sciencemag.org/content/312/5772/413.full.pdf. (Cf. p. 43, 45, 91, 108, 112).

JACKSON, Roderick et Samuel GRAHAM. « Specific contact resistance at metal/carbon nanotube interfaces ». Dans : *Applied Physics Letters* 94.1, 012109 (2009), p. 012109. (Cf. p. 50, 67).

JACKSON, Roderick K., Andrea MUNRO, Kenneth NEBESNY, Neal ARMSTRONG et Samuel GRAHAM. « Evaluation of Transparent Carbon Nanotube Networks of Homogeneous Electronic Type ». Dans : *ACS Nano* 4.3 (2010). PMID: 20201542, p. 1377–1384. eprint : http://pubs.acs.org/doi/pdf/10.1021/nn9010076. (Cf. p. 43, 78, 86, 88).

JAVEY, A., J. GUO, Q. WANG, M. LUNDSTROM, H. DAI et al. « Ballistic carbon nanotube field-effect transistors ». Dans : *Nature* 424.6949 (2003), p. 654–657. (Cf. p. 42).

JEROMINEK, H., T.D. POPE, M. RENAUD, N.R. SWART, F. PICARD, M. LEHOUX, S. SAVARD, G. BILODEAU, D. AUDET, L.N. PHONG et al. « 64 x 64, 128 x 128, 240 x 320 pixel uncooled IR bolometric detector arrays ». Dans : *Proceedings of SPIE*. T. 3061. 1997, p. 236. (Cf. p. 111).

JIANG, Z.H., S. YUN, F. TOOR, D.H. WERNER et T.S. MAYER. « Conformal Dual Band Near-Perfectly Absorbing Mid-Infrared Metamaterial Coating ». Dans : *ACS nano* (2011). (Cf. p. 124, 149).

JOUY, P., A. VASANELLI, Y. TODOROV, A. DELTEIL, G. BIASIOL, L. SORBA et C. SIRTORI. « Transition from strong to ultrastrong coupling regime in mid-infrared metal-dielectric-metal cavities ». Dans : *Applied Physics Letters* 98.23 (2011), p. 231114–231114. (Cf. p. 131).

KIM, P., L. SHI, A. MAJUMDAR et PL MCEUEN. « Thermal transport measurements of individual multiwalled nanotubes ». Dans : *Physical Review Letters* 87.21 (2001), p. 215502. (Cf. p. 109).

KOECHLIN, C., P. BOUCHON, F. PARDO, J.L. PELOUARD et R. HAIDAR. « Analytical description of subwavelength plasmonic MIM resonators and of their combination. » Dans : *Optics Express* 9 (2012). (Cf. p. 119, 135, 143, 164).

KOECHLIN, C., P. BOUCHON, R. PARDO F.and Haidar, S. COLLIN, J. DESCHAMPS, J. J. YON et J.L. PELOUARD. « Detecteur bolometrique a performances ameliorees ». Brev. 1156461. 2011. (Cf. p. 151, 159, 165).

KOECHLIN, C., S. MAINE, S. RENNESSON, R. HAIDAR, B. TRÉTOUT, A. LOISEAU et J.L. PELOUARD. « Opto-electrical characterization of infrared sensors based on carbon nanotube films ». Dans : *Comptes Rendus Physique* 11.5-6 (2010), p. 405–410. (Cf. p. 105).

KOECHLIN, C., S. MAINE, S. RENNESSON, R. HAIDAR, B. TRETOUT, J. JAECK, N. PERE-LAPERNE et J.-L. PELOUARD. « Potential of carbon nanotubes films for infrared bolometers ». Dans : sous la dir. de Manijeh RAZEGHI, Rengarajan SUDHARSANAN et Gail J. BROWN. T. 7945. 1. San Francisco, California, USA : SPIE, 2011, p. 794521. (Cf. p. 43, 59, 91, 108, 164).

KOECHLIN, C., P. BOUCHON, F. PARDO, J. JAECK, X. LAFOSSE, J.L. PELOUARD et R. HAIDAR. « Total routing and absorption of photons in dual color plasmonic antennas ». Dans : *Applied Physics Letters* 99.24 (2011), p. 241104–241104. (Cf. p. 135, 165).

KOECHLIN, Charlie, Sylvain MAINE, Riad HAIDAR, Brigitte TRETOUT, Annick LOISEAU et Jean-Luc PELOUARD. « Electrical characterization of devices based on carbon nanotube films ». Dans : *Applied Physics Letters* 96.10, 103501 (2010), p. 103501. (Cf. p. 59, 164).

KOECHLIN, Charlie, Florian ANDRIANIAZY, Sylvain MAINE, Louis GORINTIN, Michel TAUVY, Riad HAIDAR et Jean-Luc PELOUARD. « Electronic transport and noise study of a wide panel of carbon nanotube films ». Dans : *Journal of Applied Physics* (2012). (Cf. p. 78, 95, 164).

KOLAHDOUZ, M., A.A. FARNIYA, L. DI BENEDETTO et HH RADAMSON. « Improvement of infrared detection using Ge quantum dots multilayer structure ». Dans : *Applied Physics Letters* 96 (2010), p. 213516. (Cf. p. 113).

KOZUB, V.I. « Low frequency noise due to site energy fluctuation in hopping conductivity ». Dans : *Solid State Communications* 97, Elsevier Science Ltd (1996), p. 843. (Cf. p. 101).

KUMAR, S., N. KAMARAJU, A. MORAVSKY, RO LOUTFY, M. TONDUSSON, E. FREYSZ et A.K. SOOD. « Terahertz Time Domain Spectroscopy to Detect Low-Frequency Vibrations of Double-Walled Carbon Nanotubes ». Dans : *European Journal of Inorganic Chemistry* 2010.27 (2010), p. 4363–4366. (Cf. p. 56).

LALANNE, P. et G.M. MORRIS. « Highly improved convergence of the coupled-wave method for TM polarization ». Dans : *JOSA A* 13.4 (1996), p. 779–784. (Cf. p. 124, 147).

LAUX, E., C. GENET, T. SKAULI et T.W. EBBESEN. « Plasmonic photon sorters for spectral and polarimetric imaging ». Dans : *Nature Photonics* 2.3 (2008), p. 161–164. (Cf. p. 141).

LE PERCHEC, J., Y. DESIERES et R. Espiau de LAMAESTRE. « Plasmon-based photosensors comprising a very thin semiconducting region ». Dans : *Applied Physics Letters* 94.18, 181104 (2009), p. 181104. (Cf. p. 16, 121, 124, 125, 129, 137, 150).

LE PERCHEC, J., Y. DESIERES, N. ROCHAT et R. Espiau de LAMAESTRE. « Subwavelength optical absorber with an integrated photon sorter ». Dans : *Applied Physics Letters* 100.11 (2012), p. 113305–113305. (Cf. p. 141, 150).

LEGRAS, O., A.CRASTES, J.L. TISSOT, Y. GUIMONDB, P.C. ANTONELLO, J. LELEVE, H.J. LENZ, P. POTET et J.J. YON. « Low cost uncooled IRFPA and molded IR lenses for enhanced driver vision ». Dans : *SPIE* 5663 (2005). (Cf. p. 34).

LÉVÊQUE, G. et O.J.F. MARTIN. « Tunable composite nanoparticle for plasmonics ». Dans : *Optics letters* 31.18 (2006), p. 2750–2752. (Cf. p. 121).

LEVITSKY, IA et WB EULER. « Photoconductivity of single-wall carbon nanotubes under continuous-wave near-infrared illumination ». Dans : *Applied physics letters* 83.9 (2003), p. 1857–1859. (Cf. p. 45).

LHUILLIER, Emmanuel, Sean KEULEYAN, Paul REKEMEYER et Philippe GUYOT-SIONNEST. « Thermal properties of mid-infrared colloidal quantum dot detectors ». Dans : *Journal of Applied Physics* 110.3, 033110 (2011), p. 033110. (Cf. p. 15, 98, 101).

LIEN, D.H., W.K. HSU, H.W. ZAN, N.H. TAI et C.H. TSAI. « Photocurrent amplification at carbon nanotube–metal contacts ». Dans : *Advanced Materials* 18.1 (2006), p. 98–103. (Cf. p. 45).

LIJADI, M., F. PARDO, N. BARDOU et J.L. PELOUARD. « Floating contact transmission line modelling: An improved method for ohmic contact resistance measurement ». Dans : *Solid-state electronics* 49.10 (2005), p. 1655–1661. (Cf. p. 65).

LIPOMI, D.J., M. VOSGUERITCHIAN, B.C.K. TEE, S.L. HELLSTROM, J.A. LEE, C.H. FOX et Z. BAO. « Skin-like pressure and strain sensors based on transparent elastic films of carbon nanotubes ». Dans : *Nature Nanotechnology* (2011). (Cf. p. 44).

LIU, N., M. MESCH, T. WEISS, M. HENTSCHEL et H. GIESSEN. « Infrared perfect absorber and its application as plasmonic sensor ». Dans : *Nano letters* 10.7 (2010), p. 2342–2348. (Cf. p. 124, 146).

LU, R., Z. LI, G. XU et J.Z. WU. « Suspending single-wall carbon nanotube thin film infrared bolometers on microchannels ». Dans : *Applied Physics Letters* 94 (2009), p. 163110. (Cf. p. 91).

LU, Rongtao, Rayyan KAMAL et Judy Z WU. « A comparative study of 1/ f noise and temperature coefficient of resistance in multiwall and single-wall carbon nanotube bolometers ». Dans : *Nanotechnology* 22.26 (2011), p. 265503. (Cf. p. 43, 91, 92, 95).

LU, Rongtao, Guowei XU et Judy Z. WU. « Effects of thermal annealing on noise property and temperature coefficient of resistance of single-walled carbon nanotube films ». Dans : *Applied Physics Letters* 93.21, 213101 (2008), p. 213101. (Cf. p. 43, 91, 95).

MAIER, T. et H. BRUCKL. « Multispectral microbolometers for the midinfrared ». Dans : *Optics letters* 35.22 (2010), p. 3766–3768. (Cf. p. 124, 153, 159).

MAIER, T. et H.b BRUCKL. « Wavelength-tunable microbolometers with metamaterial absorbers ». Dans : *Optics letters* 34.19 (2009), p. 3012–3014. (Cf. p. 124, 153).

MAINE, S., C. KOECHLIN, S. RENNESSON, J. JAECK, S. SALORT, B. CHASSAGNE, F. PARDO, J.L. PELOUARD et R. HAIDAR. « Complex optical index of single wall carbon nanotube films from the near-IR to THz spectral range ». Dans : *Applied Optics* 51.15 (2012). (Cf. p. 49, 164).

MAINE, S., C. KOECHLIN, R. FLEURIER, R. HAIDAR, N. BARDOU, C. DUPUIS, B. ATTAL-TRÉTOUT, P. MÉREL, J. DESCHAMPS, A. LOISEAU et al. « Mid-infrared detectors based on carbon nanotube films ». Dans : *physica status solidi (c)* 7.11-12 (2010), p. 2743–2746. (Cf. p. 105).

MARTEL, R., T. SCHMIDT, H. R. SHEA, T. HERTEL et Ph. AVOURIS. « Single- and multi-wall carbon nanotube field-effect transistors ». Dans : *Applied Physics Letters* 73.17 (1998), p. 2447–2449. (Cf. p. 42).

MAUVERNAY, B. « Nanocomposites d'oxydes de fer en couches minces. Etudes de leur élaboration et de leurs propriétés en vue de leur utilisation comme matériaux sensibles pour la détection thermique ». Thèse de doct. Université de Toulouse, Université Toulouse III-Paul Sabatier, 2007. (Cf. p. 113).

MOTTIN, E., J.L. MARTIN, J.L. OUVRIER-BUFFET, M. VILAIN, A. BAIN, J.J. YON, J.L. TISSOT et J.P. CHATARD. « Enhanced amorphous silicon technology for 320 x 240 microbolometer arrays with a pitch of 35 μm ». Dans : *Proceedings of SPIE*. T. 4369. 2001, p. 250. (Cf. p. 34).

MOTTIN, E., A. BAIN, J.L. MARTIN, J.L. OUVRIER-BUFFET, S. BISOTTO, J.J. YON et J.L. TISSOT. « Uncooled amorphous silicon technology enhancement for 25-μm pixel pitch achievement ». Dans : *Proceedings of SPIE*. T. 4820. 2003, p. 200. (Cf. p. 152).

NIKLAUS, F., C. JANSSON, A. DECHARAT, J.E. KÄLLHAMMER, H. PETTERSSON et G. STEMME. « Uncooled infrared bolometer arrays operating in a low to medium vacuum atmosphere: performance model and tradeoffs ». Dans : *Proceedings of SPIE*. T. 6542. 2007, p. 65421M–1. (Cf. p. 30, 112).

NIRMALRAJ, Peter N., Philip E. LYONS, Sukanta DE, Jonathan N. COLEMAN et John J. BO-LAND. « Electrical Connectivity in Single-Walled Carbon Nanotube Networks ». Dans : *Nano Letters* 9.11 (2009). PMID: 19775126, p. 3890–3895. eprint : http://pubs.acs.org/doi/pdf/10.1021/nl9020914. (Cf. p. 43, 77, 81).

OGAWA, S., K. OKADA, N. FUKUSHIMA et M. KIMATA. « Wavelength selective uncooled infrared sensor by plasmonics ». Dans : *Applied Physics Letters* 100.2 (2012), p. 021111–021111. (Cf. p. 152).

PARDO, F., P. BOUCHON, R. HAÏDAR et J.L. PELOUARD. « Light Funneling Mechanism Explained by Magnetoelectric Interference ». Dans : *Physical Review Letters* 107.9 (2011), p. 93902. (Cf. p. 127).

PEKKER, Á. et K. KAMARÁS. « Wide-range optical studies on various single-walled carbon nanotubes: Origin of the low-energy gap ». Dans : *Physical Review B* 84.7 (2011), p. 075475. (Cf. p. 50, 53).

POP, E., D. MANN, Q. WANG, K. GOODSON et H. DAI. « Thermal conductance of an individual single-wall carbon nanotube above room temperature ». Dans : *Nano Letters* 6.1 (2006), p. 96–100. (Cf. p. 109).

PU, M., C. HU, M. WANG, C. HUANG, Z. ZHAO, C. WANG, Q. FENG et X. LUO. « Design principles for infrared wide-angle perfect absorber based on plasmonic structure ». Dans : *Optics Express* 19.18 (2011), p. 17413–17420. (Cf. p. 125).

RADAMSON, H. H., M. KOLAHDOUZ, S. SHAYESTEHAMINZADEH, A. Afshar FARNIYA et S. WISSMAR. « Carbon-doped single-crystalline SiGe/Si thermistor with high temperature coefficient of resistance and low noise level ». Dans : *Applied Physics Letters* 97.22, 223507 (2010), p. 223507. (Cf. p. 113).

RUZICKA, B., L. DEGIORGI, R. GAAL, L. THIEN-NGA, R. BACSA, J.-P. SALVETAT et L. FORRÓ. « Optical and dc conductivity study of potassium-doped single-walled carbon nanotube films ». Dans : *Phys. Rev. B* 61.4 (2000), R2468–R2471. (Cf. p. 50, 53, 55).

SALISBURY, W.W.W. « Absorbent body for electromagnetic wave ». Brev. US Patent 2,599,944. 1952. (Cf. p. 151).

SHEN, J.T., P.B. CATRYSSE et S. FAN. « Mechanism for designing metallic metamaterials with a high index of refraction ». Dans : *Physical review letters* 94.19 (2005), p. 197401. (Cf. p. 126).

SHENG, Ping. « Fluctuation-induced tunneling conduction in disordered materials ». Dans : *Phys. Rev. B* 21.6 (1980), p. 2180–2195. (Cf. p. 83, 84, 86).

SHI, H., J.G. OK, H. WON BAAC et L. JAY GUO. « Low density carbon nanotube forest as an index-matched and near perfect absorption coating ». Dans : *Applied Physics Letters* 99.21 (2011), p. 211103. (Cf. p. 50).

SLEPYAN, G.Y., MV SHUBA, SA MAKSIMENKO, C. THOMSEN et A.s LAKHTAKIA. « Tera-hertz conductivity peak in composite materials containing carbon nanotubes: Theory and interpretation of experiment ». Dans : *Physical Review B* 81.20 (2010), p. 205423. (Cf. p. 55).

SMITH, DR, S. SCHULTZ, P. MARKOŠ et CM SOUKOULIS. « Determination of effective permittivity and permeability of metamaterials from reflection and transmission coefficients ». Dans : *Physical Review B* 65.19 (2002), p. 195104. (Cf. p. 156).

SNOW, ES, JP NOVAK, MD LAY et FK PERKINS. « 1/ f noise in single-walled carbon nanotube devices ». Dans : *Applied physics letters* 85 (2004), p. 4172. (Cf. p. 95).

SOLIVERES, S., J. GYANI, C. DELSENY, A. HOFFMANN et F. PASCAL. « 1/f noise and percolation in carbon nanotube random networks ». Dans : *Applied Physics Letters* 90.8, 082107 (2007), p. 082107. (Cf. p. 95, 101, 103).

SUN, Dong-ming, Marina Y. TIMMERMANS, Ying TIAN, Albert G. NASIBULIN, Esko I. KAUPPINEN, Shigeru KISHIMOTO, Takashi MIZUTANI et Yutaka OHNO. « Flexible high-performance carbon nanotube integrated circuits ». Dans : *Nat Nano* 6, Nature Publishing Group (2011), p. 156–161. (Cf. p. 44).

TAILHADES, P., L. PRESMANES, C. BONNINGUE, B. MAUVERNAY, J. OUVRIER-BUFFET, A. ARNAUD et W RABAUD. « Use of a combination of iron monoxide and spinel oxides as a sensitive material for detecting infrared radiation ». Brev. 2009. (Cf. p. 113).

TANS, S.J., A.R.M. VERSCHUEREN et C. DEKKER. « Room-temperature transistor based on a single carbon nanotube ». Dans : *Nature* 393.6680 (1998), p. 49–52. (Cf. p. 42).

TISSOT, J.L., J.L. MARTIN, E. MOTTIN, M. VILAIN, J.J. YON et J.P. CHATARD. « 320 x 240 microbolometer uncooled IRFPA development ». Dans : *Proceedings of SPIE*. T. 4130. 2000, p. 473. (Cf. p. 34).

TISSOT, J.L., S. TINNES, A. DURAND, C. MINASSIAN, P. ROBERT, M. VILAIN et J.J. YON. « High-performance uncooled amorphous silicon video graphics array and extended graphics array infrared focal plane arrays with 17-μm pixel pitch ». Dans : *Optical Engineering* 50 (2011), p. 061006. (Cf. p. 34).

TISSOT, J.L., F. ROTHAN, C. VEDEL, M. VILAIN et J.J. YON. « LETI/LIR's amorphous silicon uncooled microbolometer development ». Dans : *Proceedings of SPIE*. T. 3379. 1998, p. 139. (Cf. p. 34, 111).

TOLMAN, R.C. *The principles of statistical mechanics*. Dover Pubns, 1938. (Cf. p. 26).

TREACY, MMJ, TW EBBESEN et JM GIBSON. « Exceptionally high Young's modulus observed for individual carbon nanotubes ». Dans : (1996). (Cf. p. 42).

TROUILLEAU, C., B. FIEQUE, S. NOBLET, F. GINER, J.L. TISSOT et JJ. YON. « High-performance uncooled amorphous silicon TEC less XGA IRFPA with 17um pixel-pitch ». Dans : *Inrared Technology SPIE* 7298 (2009). (Cf. p. 34).

UGAWA, A., J. HWANG, HH GOMMANS, H. TASHIRO, AG RINZLER et DB TANNER. « Far-infrared to visible optical conductivity of single-wall carbon nanotubes ». Dans : *Current Applied Physics* 1.1 (2001), p. 45–49. (Cf. p. 50, 53, 55).

VEDEL, C., J.L. MARTIN, J.L. OUVRIER-BUFFET, J.L. TISSOT, M. VILAIN et J.J. YON. « Amorphous silicon based uncooled microbolometer IRFPA ». Dans : *Proc. SPIE*. T. 3698. 1999, p. 276–283. (Cf. p. 34, 111).

VERLEUR, H.W., AS BARKER JR et CN BERGLUND. « Optical Properties of VO_ {2} between 0.25 and 5 eV ». Dans : *Physical Review* 172.3 (1968), p. 788. (Cf. p. 111).

WADA, H. et T. KAMIJOH. « Thermal conductivity of amorphous silicon ». Dans : *JAPANESE JOURNAL OF APPLIED PHYSICS PART 2 LETTERS* 35 (1996), p. 648–650. (Cf. p. 110).

WANG, F., AG ROZHIN, V. SCARDACI, Z. SUN, F. HENNRICH, IH WHITE, W.I. MILNE et A.C. FERRARI. « Wideband-tuneable, nanotube mode-locked, fibre laser ». Dans : *Nature Nanotechnology* 3.12 (2008), p. 738–742. (Cf. p. 50).

WANG, XJ, LP WANG, OS ADEWUYI, BA COLA et ZM ZHANG. « Highly specular carbon nanotube absorbers ». Dans : *Applied Physics Letters* 97.16 (2010), p. 163116–163116. (Cf. p. 50).

WANG, Y., T. SUN, T. PAUDEL, Y. ZHANG, Z.F. REN et K. KEMPA. « Metamaterial-plasmonic absorber structure for high efficiency amorphous silicon solar cells ». Dans : *Nano Letters* (2012). (Cf. p. 125).

WOOD, R.A. « Uncooled thermal imaging with monolithic silicon focal planes ». Dans : *Inrared Technology SPIE* 2020 (1993), p. 322. (Cf. p. 32).

WOOD, RA, CJ HAN et PW KRUSE. « Integrated uncooled infrared detector imaging arrays ». Dans : *Solid-State Sensor and Actuator Workshop, 1992. 5th Technical Digest., IEEE*. IEEE. 1992, p. 132–135. (Cf. p. 32).

Wu, C., III Burton Neuner, G. Shvets, J. John, A. Milder, B. Zollars et S. Savoy. « Large-area wide-angle spectrally selective plasmonic absorber ». Dans : *Physical Review B* 84.7 (2011), p. 075102. (Cf. p. 125).

Wu, Z., Z. Chen, X. Du, J.M. Logan, J. Sippel, M. Nikolou, K. Kamaras, J.R. Reynolds, D.B. Tanner, A.F. Hebard et al. « Transparent, conductive carbon nanotube films ». Dans : *Science* 305.5688 (2004), p. 1273–1276. (Cf. p. 60).

Yang, Z.P., L. Ci, A. James, S.Y. Lin et P.M. Ajayan. « Experimental observation of an extremely dark material made by a low-density nanotube array ». Dans : *Nano letters* 8.2 (2008), p. 446–451. (Cf. p. 50).

Yon, JJ., JP. Nieto, L. Vandroux, P. Imperinetti, E. Rolland, V. Goudon et A. Arnaud C. Vialle. « Low resistance a-SiGe based microbolometer pixel for future smart IR FPA ». Dans : *Inrared Technology SPIE* 7660 (2010). (Cf. p. 112).

Yoon, Young-Gui, Mario S. C. Mazzoni, Hyoung Joon Choi, Jisoon Ihm et Steven G. Louie. « Structural Deformation and Intertube Conductance of Crossed Carbon Nanotube Junctions ». Dans : *Phys. Rev. Lett.* 86 (4 2001), p. 688–691. (Cf. p. 86).

Yu, C., L. Shi, Z. Yao, D. Li et A. Majumdar. « Thermal conductance and thermopower of an individual single-wall carbon nanotube ». Dans : *Nano letters* 5.9 (2005), p. 1842–1846. (Cf. p. 109).

Zink, BL, R. Pietri et F. Hellman. « Thermal conductivity and specific heat of thin-film amorphous silicon ». Dans : *Physical review letters* 96.5 (2006), p. 55902. (Cf. p. 110).

www.ingramcontent.com/pod-product-compliance
Lightning Source LLC
Chambersburg PA
CBHW021048210326
41598CB00016B/1136